图解TCP/IP网络知识轻松入门

日本Ank软件技术公司　著
北京百驰数据服务有限公司　组织翻译

U0212128

化学工业出版社
·北　京·

图书在版编目（CIP）数据

图解TCP/IP网络知识轻松入门/日本Ank软件技术公司著；北京百驰数据服务有限公司组织翻译．—北京：化学工业出版社，2019.11（2025.1重印）
ISBN 978-7-122-35268-2

Ⅰ.①图…　Ⅱ.①日…②北…　Ⅲ.①计算机网络-通信协议-图解　Ⅳ.①TN915.04-64

中国版本图书馆CIP数据核字（2019）第211478号

责任编辑：周　红　　装帧设计：尹琳琳
责任校对：李雨晴

出版发行：化学工业出版社（北京市东城区青年湖南街13号　邮政编码100011）
印　　装：中煤（北京）印务有限公司
710mm×1000mm　1/16　印张12¾　字数268千字　2025年1月北京第1版第7次印刷

购书咨询：010-64518888　　售后服务：010-64518899
网　　址：http://www.cip.com.cn
凡购买本书，如有缺损质量问题，本社销售中心负责调换。

定　　价：79.80元　

电脑的用途有很多，通过一项针对“使用电脑的主要目的是什么”的问卷调查，得到的大部分的回复内容是“电子邮件”“网页浏览”“社交网络的使用”“视频观看”“网络购物”等。但是，即便是能够在日常生活中熟练使用网络的人，只要不是专业的网络管理人员，很难有机会了解到其原理机制。本书介绍的TCP/IP是实现以英特网为主的计算机网络功能的通信协议。

听到“通信协议”这个词，有些人可能会感到陌生。通信协议是计算机之间交换数据时必须遵守的规则。除了TCP/IP之外，实际上还存在各种各样的通信协议，但TCP/IP因英特网通信协议的身份而备受瞩目。

本书是TCP/IP的入门书籍。众所周知，在计算机通信的世界中，肉眼看不到的部分是很难理解的。为了便于读者学习，本书使用了大量插图辅助说明。此外，书中针对想要学习TCP/IP的人群，精选出了必须了解的知识进行介绍。阅读完本书后，希望进一步深入学习的读者可以接触更加专业的书籍。如果能通过本书对TCP/IP有个大致了解，会对专业书籍的学习有很大帮助。

《图解TCP/IP网络知识轻松入门》的首次出版时间是2003年12月。之后，为满足读者的强烈需求，决定了本次的修订。考虑到距离第一次出版已经经过了15年，我们基于近期发生的变化，对部分内容、结构做了较大调整，并在提高内容通俗易懂上下足了功夫。

本书中所记载的URL等可能在无提前通知的情况下发生更改。

我们努力确保书中内容的正确性，但作者及出版社等对本书内容不作任何保证，对读者基于本书内容及示例运用的结果，不承担任何责任。

本书中的示例程序、解说内容以及操作结果等，是基于特定的设置环境实现的。

本书中提到的公司名称、产品名称属于各个公司的商标及注册商标。

书中提到的与网络有关的命令原则上是以Windows环境为前提。放在UNIX及Linux环境中，命令名称及其执行结果可能有异。

衷心希望各位读者能够通过本书，对“计算机之间的交流”这样的看不见的世界产生兴趣。

2018年6月

作 者

※ 本书的特点

●本书每两页介绍一个主题，避免了知识的分散，防止读者记忆混乱，方便了知识点的追溯查找。

●各知识点的讲解竭力避免晦涩的文字，较难的概念都通过插图的方式展现，便于理解。比起对细节知识的钻研，一边注意把握整体框架，一边应用更易于学习。

●附录汇总了学习网络时需要提前掌握的信息。其中不乏与通信协议没有直接关系的内容，请作为关联信息阅读。

※ 对象读者

本书不仅适用于准备学习 TCP/IP 的读者，也适合曾经尝试学习，但一度受挫的读者。此外，书中也介绍了日常生活中网络使用的相关内容，想要了解网络机制的读者也能从中受益。

目录

学习 TCP/IP 的知识准备 …………………………………… 1

- 网络是什么 …………………………………………………… 1
- 计算机网络 …………………………………………………… 2
- 通信协议是什么 ……………………………………………… 4
- TCP/IP 的诞生 ……………………………………………… 6
- 通信服务 ……………………………………………………… 7
- 利用命令工作 ………………………………………………… 8

1 TCP/IP 概要 ………………………………………………… 9

这里是关键…………………………………………………………10

- 通信协议 ………………………………………………………12
- TCP/IP 是什么 ………………………………………………14
- 层次化 …………………………………………………………16
- TCP/IP 的结构 ………………………………………………18
- 各层之间的联系方式 …………………………………………20
- 从各层的角度观察数据的发送与接收 ………………………22
- 数据包的旅行 …………………………………………………24

专栏 ～通信环境的变迁～ ……………………………………26

2 通信服务与协议 ······ 27

这里是关键······28

- 服务器与客户 ······30
- 显示数据是否存在 ······32
- WWW ······34
- 电子邮件 ······36
- 文件转发 ······38
- 远程登录（1）······40
- 远程登录（2）······42
- 文件共享 ······44
- 其他服务 ······46

专栏 ～世界上第一个网页～ ······48

3 应用层 ······ 49

这里是关键······50

- 应用层的职责 ······52
- 应用层包头 ······54
- HTTP 协议 ······56
- 支撑通信的机制（1）······58

● 支撑通信的机制（2）……60
● SSL/TLS……62
● 电子邮件的交流……64
● SMTP 协议……66
● POP 协议……68
● 字符编码……70
● MIME……72
专栏 ~后台应用协议~……74

4 传输层……75
这里是关键……76
● 传输层的职责……78
● 应用层的入口……80
● TCP 协议……82
● 为了保证信息送达（1）……84
● 为了保证信息送达（2）……86
● 出问题时的处理……88
● 收件人端的处理……90
● UDP 协议……92
● netstat 命令……94
专栏 ~ NetBEUI 的历史~……96

5 网络层 …… 97
这里是关键 …… 98
● 网络层的作用 …… 100
● IP 协议 …… 102
● IP 地址（IPv4） …… 104
● IP 地址（IPv6） …… 106
● 数据传输的引路人 …… 108
● 收件人端的处理 …… 110
● 网络层的可靠性 …… 112
● IP 地址的设置 …… 114
● 网络的细分 …… 116
● LAN 内部的地址 …… 118
● 名称解决方案 …… 120
● ifconfig、ping 命令 …… 122
专栏 ~ Bluetooth ~ …… 124

6 数据链路层及物理层 …… 125
这里是关键 …… 126
● 数据链路层的作用 …… 128
● 数据链路与物理层 …… 130

● 网络层的入口 …… 132
● 查询 MAC 地址 …… 134
● 网络的链接方式 …… 136
● 以太网（Ethernet）…… 138
● 令牌环网 …… 140
● 其他数据链路 …… 142
● PPP 与 PPPoE …… 144
● 数据链路上的设备（1）…… 146
● 数据链路上的设备（2）…… 148
● 计算机的地址信息 …… 150
专栏 ~以太网的规格~ …… 152

7 路由选择 …… 153

这里是关键 …… 154
● 路由选择 …… 156
● 路径的决定方法 …… 158
● 路由器之间的信息交流 …… 160
● 路由选择的机制 …… 162
● tracert 命令 …… 164
专栏 ~寻径算法~ …… 166

8 安全性 …… 167

这里是关键 …… 168

- 通信中潜在的危险 …… 170
- 保护数据包的技术 …… 172
- 防火墙 …… 174
- 代理服务器 …… 176

专栏 ~世界上最古老的计算机病毒~ …… 178

附录 …… 179

- OSI 参考模型 …… 180
- 关于 IPv6 …… 182
- 网络设备 …… 184
- 使用网络时的注意事项 …… 188

索引 …… 190

学习TCP/IP的知识准备

网络是什么

听到网络一词，有些人会立即想到计算机用语中的网络（计算机网络），也有人会想到因志愿者活动或者某些特定目的而设立的市民网络等一般意义上的网络。字典中网络（network）一词的释义为“网状组织”及“网”，对其实际含义进一步研究之后，应该可以解释为“信息及劳动力等各种形式的资产互相可交换的状态”。

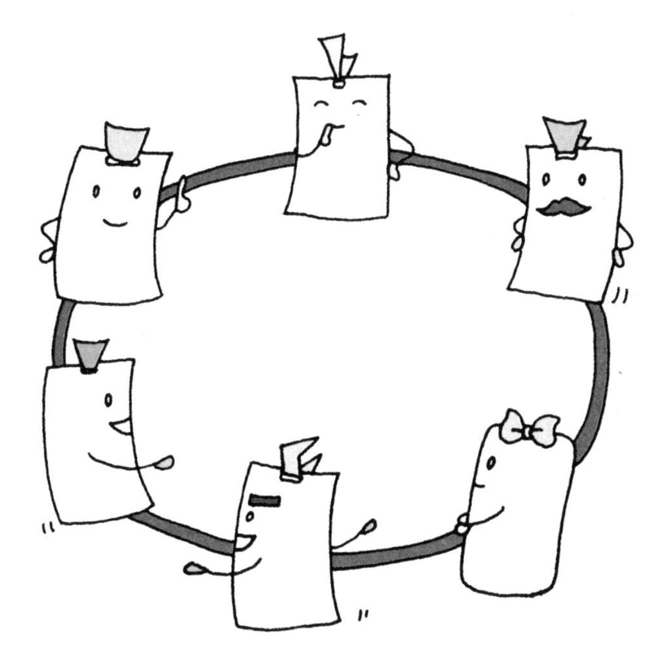

假设有一个以志愿者活动为目的构建起来的较大规模的市民网络，作为网络会员的众人为了高效地交流信息，顺利地推进各种活动的进行，就需要制定管理方面的规则。

与此类似，在计算机网络中，为了保证数据在计算机之间的顺利交换，需要制定相应的规则。而负责保证网络交流顺畅性的就是本书的主题：TCP/IP。

计算机网络

在学习TCP/IP之前，让我们先来了解下什么是计算机网络。计算机网络通信是指计算机与计算机之间通过线缆（铜线或光纤等）或者红外线、电磁波等方式相互连接，变为可以交流各种数据的状态的过程。

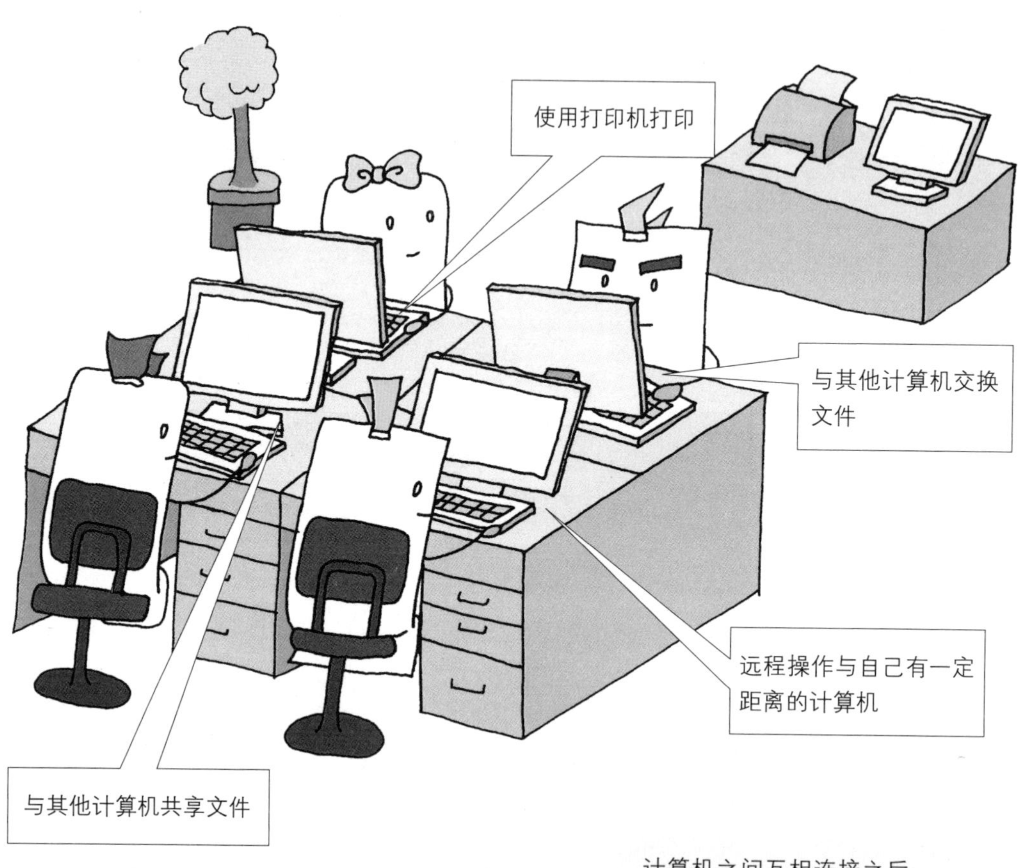
使用打印机打印
与其他计算机交换文件
远程操作与自己有一定距离的计算机
与其他计算机共享文件

计算机之间互相连接之后，以上事情都能实现

此外，计算机网络根据规模不同存在以下几种类型。

LAN

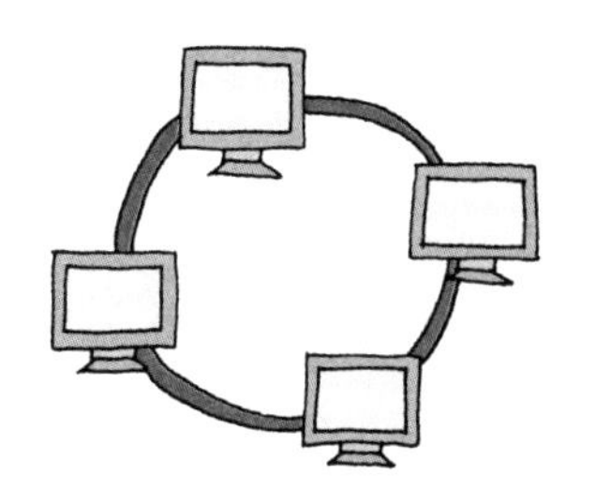

LAN（Local Area Network）读作“lang”，指的是将位于大学、研究所或者企业内部等较狭小空间内的设备连接起来的网络。

连接时，主要使用的是由细铜线组成的叫作局域网线缆的线缆。

此外，不使用线缆，而是利用电磁波及红外线等进行连接的网络叫作“无线LAN”或“无线局域网”。

WAN

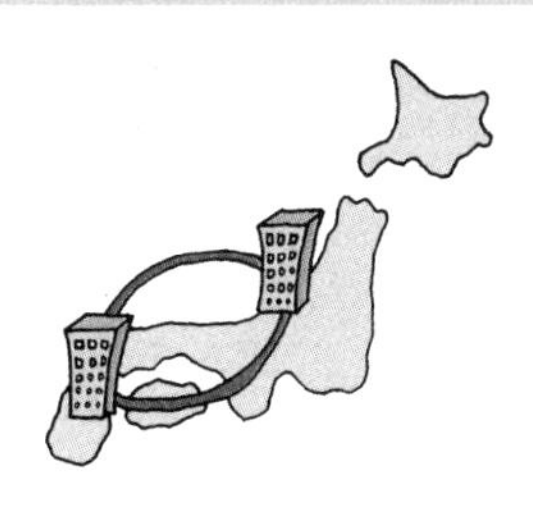

WAN（Wide Area Network）读作“wang”，指的是将类似于分公司之间的地理位置上互相远离的设备连接起来的较大规模的网络。

连接时，主要使用光纤以及公用网（电话线路）等，经常被称为“广域网”。

英特网

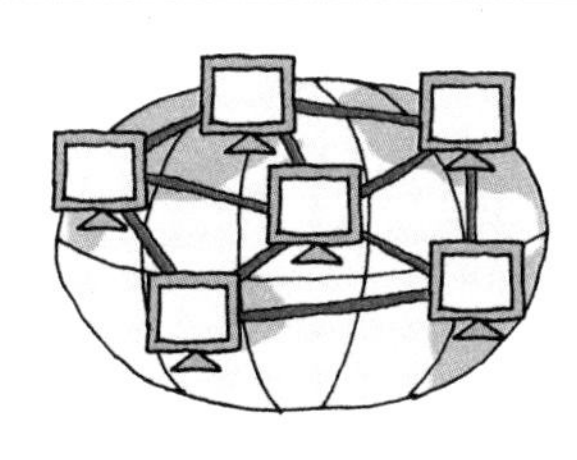

将多个LAN及WAN连接起来的全球规模的网络。在英特网上，除计算机之外，手机及小型移动设备之间都可以相互交换数据

使用英特网技术的、使用区域受限的LAN叫作局域网。局域网与全球规模的英特网不同，其信息的公开及数据交换可以限制在特定的公司或者特定区域内的计算机之间。而且，局域网一般会设置安全措施来阻止外部计算机的访问。

介绍至此，相信大家已经对计算机网络有了大概的印象，下一页开始，我们将更加具体地剖析TCP/IP。

通信协议是什么

如果试着搜索TCP/IP，出来的释义内容基本上都是“通信协议的一种”。如果将英文protocol直接翻译过来的话，会得到“协议（国家政党或团体间经过谈判、协商后取得的一致意见。）”的意思，即为保障国家政党、团体之间顺畅交流而制定的规则。该词被用于通信领域时，主语变成了“机器（计算机）”，而“规则”变为了“手续”。听到这里，是不是仍然丈二和尚摸不着头脑？别急，我们

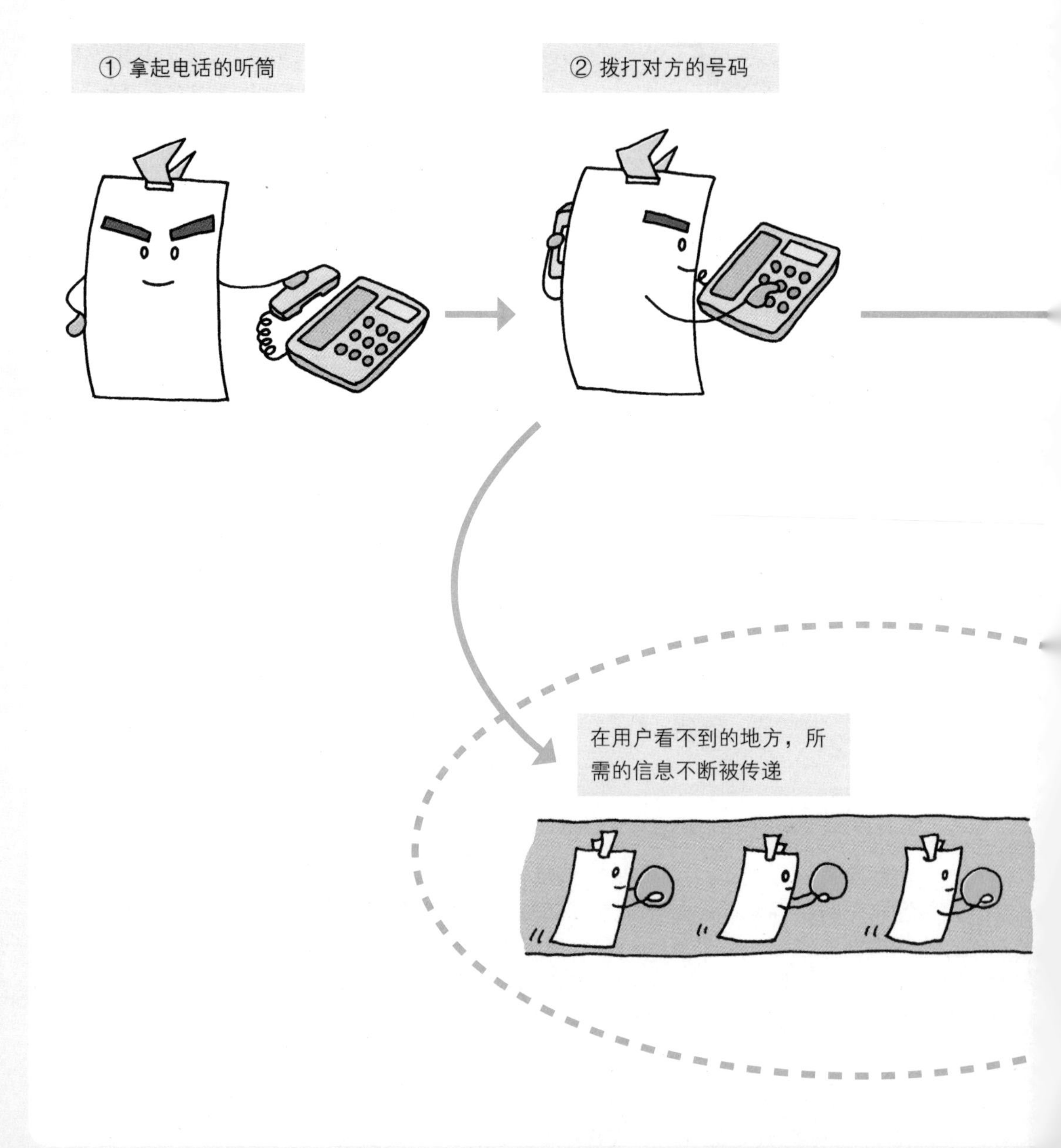

① 拿起电话的听筒
② 拨打对方的号码
在用户看不到的地方，所需的信息不断被传递

举个具体的例子来说明。

让我们来思考下“通过电话与人交谈”这件事。如果对我们平时很自然地实施的一系列动作仔细分析的话，可以得到下图中的各项小操作（手续），而这一系列必要的手续就是协议。机器之间通信时，其交流是在一些协议的基础上建立的。而TCP/IP则是当代以英特网为主的网络中最常用的协议群（多个协议的集合）。

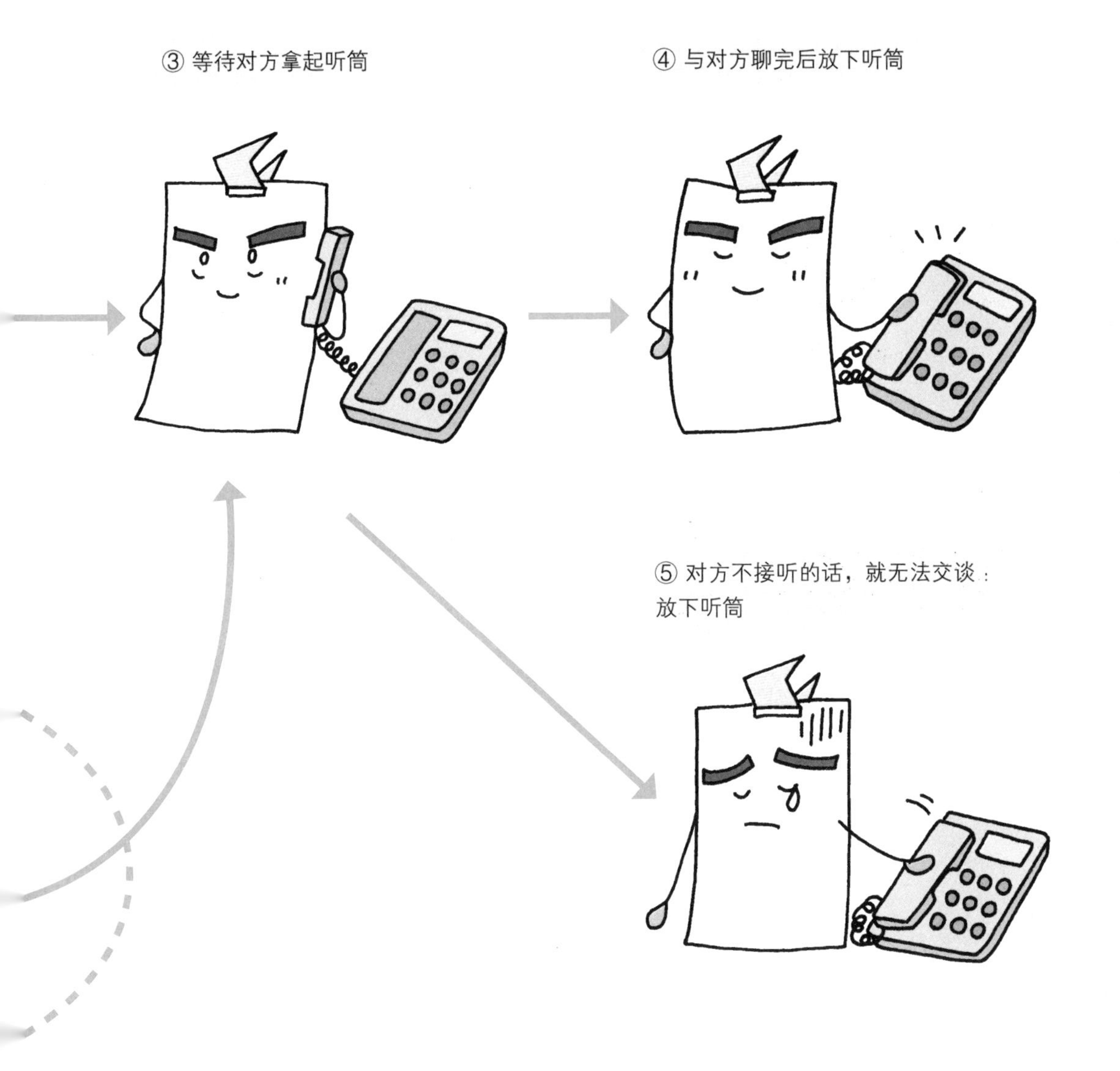

③ 等待对方拿起听筒
④ 与对方聊完后放下听筒
⑤ 对方不接听的话，就无法交谈：放下听筒

TCP/IP的诞生

TCP/IP是作为1960年美国国防部支持开发的一个叫作ARPANET的网络上所使用的协议被开发出来的。初期的ARPANET连接了4个局域网，被认为是现代英特网的原型。

因为当时英特网的主流是限定于大学及企业等特定机构内部使用的局域网，所以各个网络制作了各自独立的线路及协议。当然了，这对于各个局域网内部的通信来说是没有问题的，但如果像ARPANET这样，想把“多个局域网连接在一起”时，就需要对通信的方法进行统一。

让我们来思考一下计算机之间是如何交换数据的吧。为了让数据能够通过线缆或者电磁波、红外线传输，就需要将不管是文字还是图片的所有数据转换为电信号或光信号。并且，接收数据的一方需要再次将信号还原为文字或图片。还原时，如果不知道当初的数据是如何转换或信号的话，就无法还原。此时，将数据转换为信号→传送→信号转换为数据的这一系列流程按照统一的规则执行后，TCP/IP就诞生了。利用TCP/IP这样的共同标准将世界上的网络连接起来后，就产生了英特网。

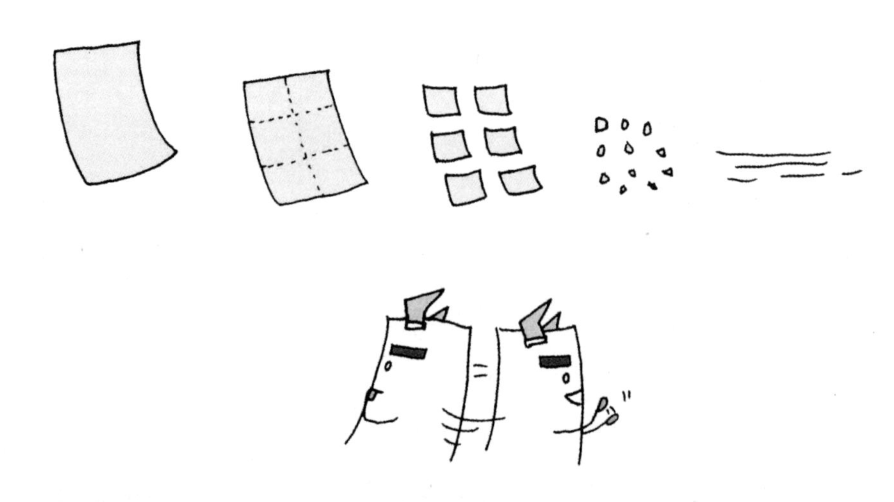

通信服务

能通过网络使用的功能叫作“通信服务”。TCP/IP诞生之后，各种各样的通信服务变成了可能。

WWW

可以实现信息共享、检索、数据下载以及网上购物等，也称为Web服务

电子邮件

类似于世界规模的邮政系统，可以实现文字及其他格式的数据的交流

文件共享

在网络上设置有共用空间，可以执行文件交换及同步编辑

远程登录

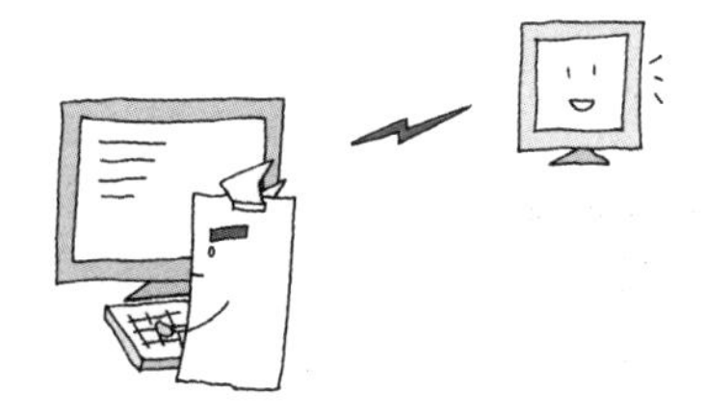

可以用一台计算机控制远方的另外一台计算机

其他

IP电话

文件转发

利用命令工作

本书将介绍几种在CUI[1]（Character User Interface）环境下，用于观察网络实际状态的命令。如果计算机系统是Windows，请使用Windows PowerShell（以下简称PowerShell）来操作。

≫ 启动方法

计算机系统是Windows 10时，启动方法有以下几种。

- 按照[开始]键→[开始]菜单→[Windows PowerShell]→[Windows PowerShell]的顺序依次选择。
- 在[检索框]中输入“PowerShell”→在检索结果中选择[Windows PowerShell]。
- 右键点击[开始]键→出现的选项中有“Windows PowerShell”，选择后直接启动。

≫ PowerShell画面的解读方法

PowerShell的画面如下所示，只显示文字，需要通过键盘输入命令来操作。

Windows PowerShell
Windows PowerShell
Copyright (C) Microsoft Corporation. All rights reserved.
PS C:¥Users¥
提示符
在其后输入指令
（命令）

按下[Enter]键后，再次输入刚刚输入的命令。之后，执行结果会显示在下方。

---

[1] CUI：命令行界面。是在图形用户界面普及之前使用的最广泛的一种用户界面，也称为字符用户界面。

1
TCP/IP 概要

图解
TCP/IP
这里是关键 key

TCP/IP是什么?

在“学习TCP/IP的知识准备”中，我们已经介绍过TCP/IP是关于数据发送与接收的一系列步骤的总和。这个听起来很简单的“一系列步骤”，实际是由发件人端的工作、从发件人到收件人之间的工作、收件人端的工作等繁杂的工作组成。考虑到读者从“0”学习这些步骤的困难性，我们先来简单介绍下TCP/IP的原理以及信息的发送与接收是如何实现的。

为了高效执行“将数据转化为数字信号→发给收件人→将数字信号还原为数据”的流程，TCP/IP分5个步骤完成上述过程。这些步骤叫作层（layer），各层从上往下分别被叫作应用层、传输层、网络层、数据链路层、物理层，即数据从距离我们较近的层不断下潜到硬件的世界中。有些地方会将数据链路层与物理层合成一层，按照4层来处理。

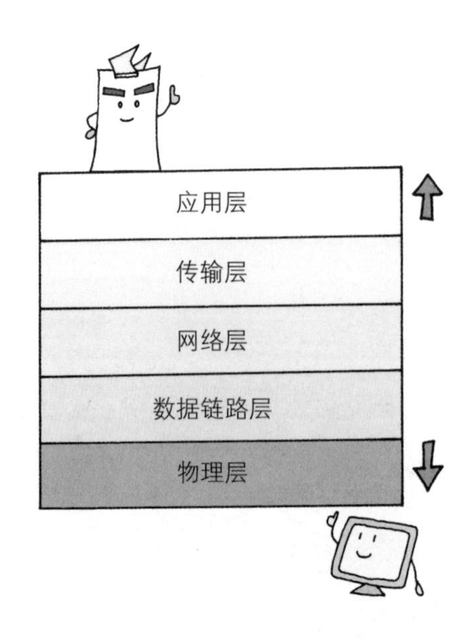
应用层
传输层
网络层
数据链路层
物理层

小包发件

TCP/IP的特征之一是“将数据分割为一定大小后发送”。分割后的各个数据被称为数据包（小包），这样的通信方法被称为“数据包通信”。

在数据包通信中，通过将数据切割为小份，可使用一条线路，几乎同时发送或者接收多个数据。而且，如果通信过程中出现部分数据的损坏，只要再次发送损坏部分的数据即可。

在本章中，我们将一起学习数据是如何变成数据包，又是如何发送给对方的。接下来，让我们打开一道门缝，窥探一下TCP/IP的世界吧。

通信协议

网络上的各台计算机如果要进行数据交换，就需要一定的标准。

数据的交换是很难的

计算机之间交换数据时，面临着机型或者通信方式不同等各种问题。

咦？怎么发不出去……
数据接收不了呀……
哎呀，信息无法读取
如何才能不受限于这些差异化，顺利地交换信息呢

只要制定出计算机之间通用的数据交换（发送、接收）的规则，就能消除差别，顺利交换数据。

通信协议

1

在交换数据之前，发件人与收件人按照事先规定的通用标准取得联系，这个标准就叫做作议。例如，要实现信息的安全收发，就要进行以下的交流。

① 开始
即将开始
通信
如果通信请求被拒
绝，必须通知用户
好的
发件人
收件人

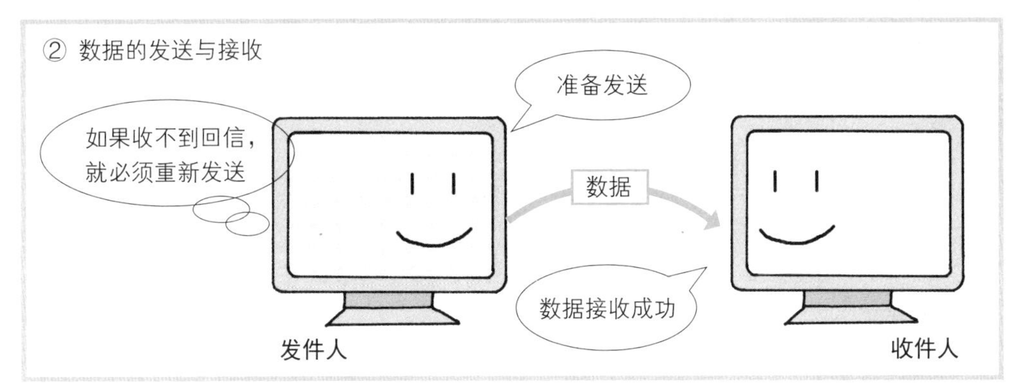

② 数据的发送与接收
准备发送
如果收不到回信，
就必须重新发送
数据
数据接收成功
发件人
收件人

③ 结束
即将结束通信
好的
再见
发件人
收件人

因为计算机只能执行规定好的动作，所以关于交流的顺序及相关处理需要制定特别细致的规定。

TCP/IP是什么

TCP/IP是全世界通用的通信协议。

TCP/IP

我们可以设想，如果有一个全世界通用的通信协议存在，那么只要采用这个通信协议，不管什么样的计算机，都可以互相交换信息了。现在，实现此设想的就是TCP/IP。

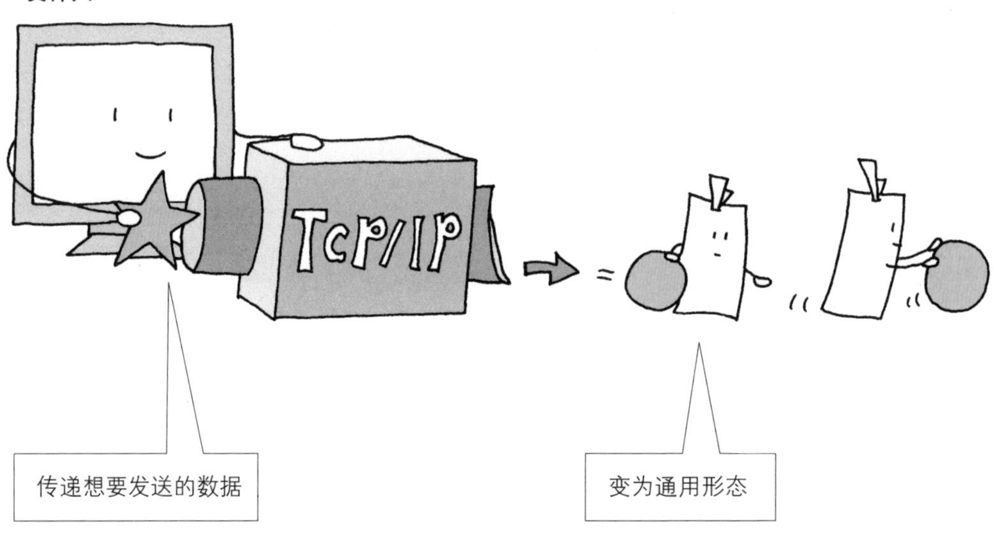

发件人
Tcp/IP
传递想要发送的数据
变为通用形态

TCP/IP是能够支持各种各样电脑的黑盒子

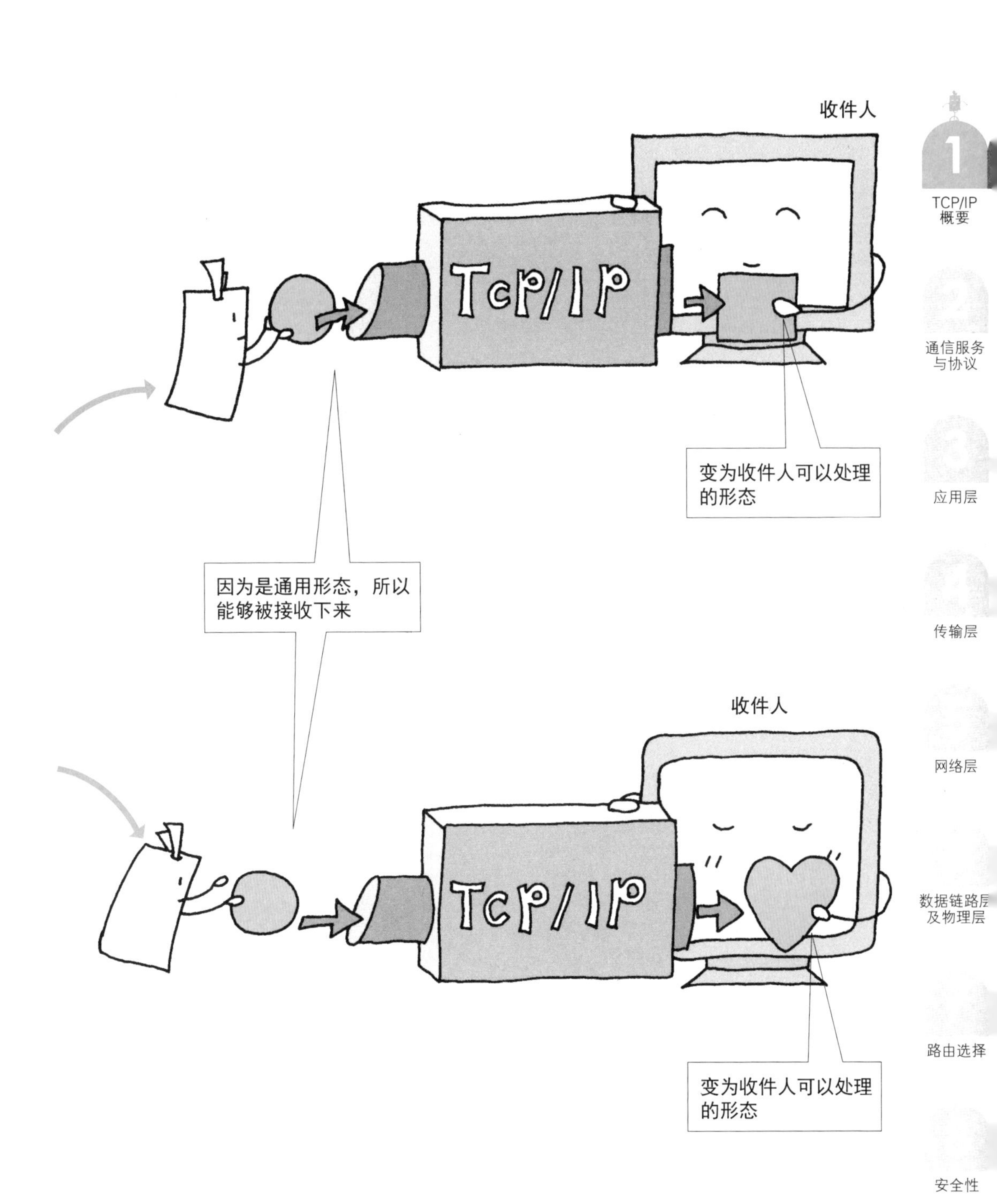
收件人
TcP/IP
变为收件人可以处理的形态
因为是通用形态，所以能够被接收下来
收件人
TcP/IP
变为收件人可以处理的形态

数据的交流需要执行很多工作才能够实现，很难通过一个协议支持所有的工作，所以TCP/IP是由多个协议构成的。

层次化

TCP/IP将信息收发所需的工作分为几个阶段来实施。

分阶段处理

TCP/IP是通过将信息发送与接收的一系列工作划分为几个阶段来实现的。各个阶段叫作层（layer），分层的过程叫作层次化。如果比喻为公司的组织架构的话，各层就相当于公司的各个部门。

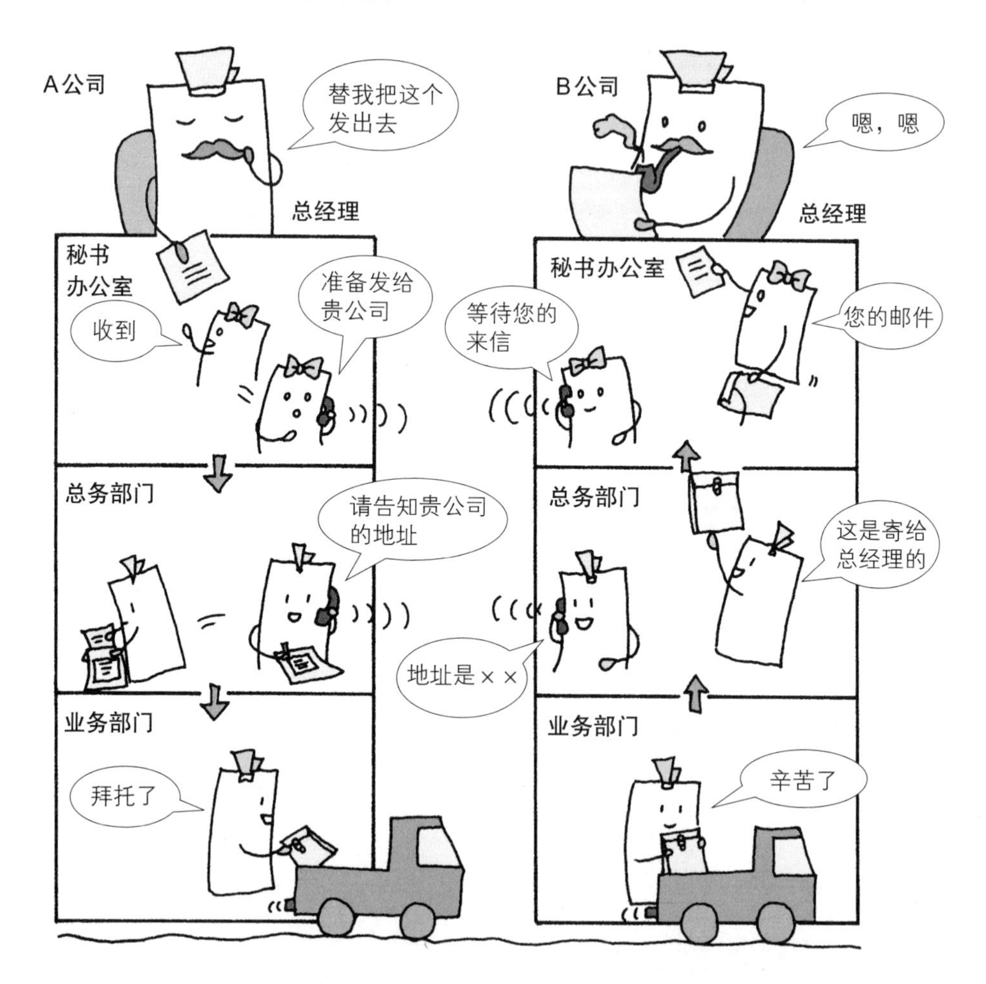

A公司
替我把这个发出去
总经理
秘书办公室
收到
准备发给贵公司
总务部门
请告知贵公司的地址
业务部门
拜托了
B公司
嗯，嗯
总经理
秘书办公室
等待您的来信
您的邮件
总务部门
这是寄给总经理的
地址是××
业务部门
辛苦了

各个部门都备有工作手册，只要按照手册执行，即使不知道其他部门的工作内容，也能完成总经理的指示。也就是说，层次化的结构具备“各层独立开展工作”的优点。

TCP/IP 共有 5 层

TCP/IP一共由5层构成。接下来，让我们一边跟踪数据到达收件人的过程，一边简单了解下各层的职能吧。

将数据调整为收件人端的应用程序可处理的形态

使用应用程序显示、恢复数据本来面貌

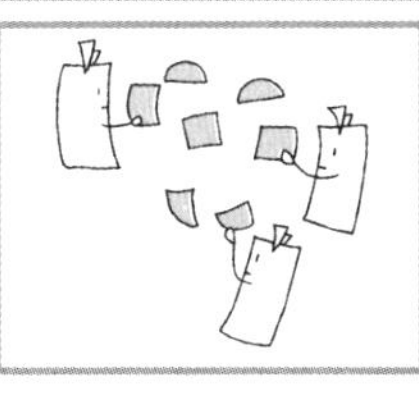

调整为网络通用的形态

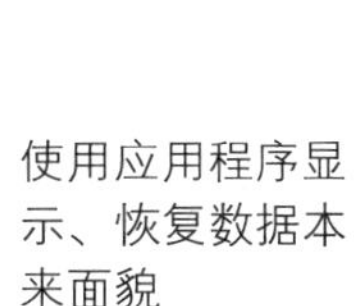

数据如果有问题，请求发件人再次发送

定好发往收件人的路径后，调整为可发送形态

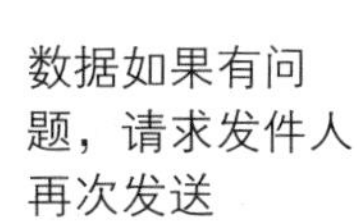

将二进制数列转换为数据

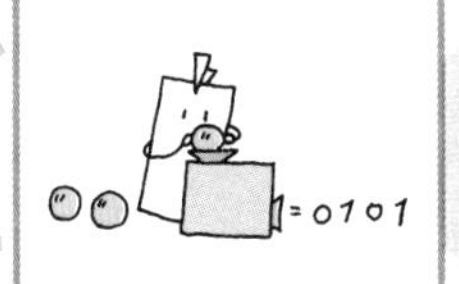

转换为二进制数列（用0与1表示）

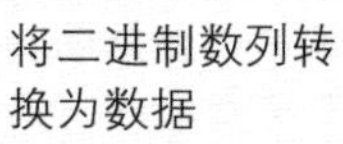

转换为二进制数列（用0与1表示）

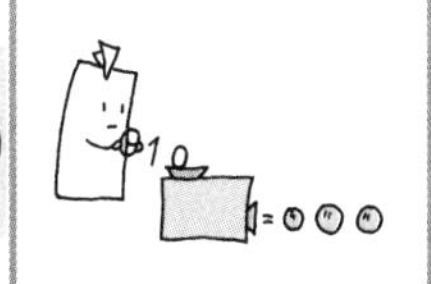

将二进制数列转换为电压的变化或者光的闪烁信号后，发送

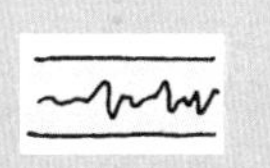

将电压的变化或者光的闪烁信号转换为二进制数列

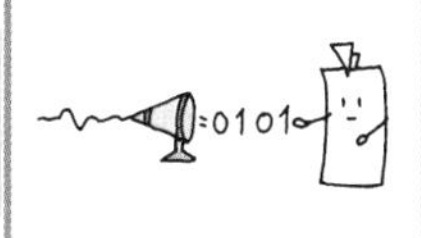

TCP/IP的结构

本小节将介绍分为5层的TCP/IP的基本结构。

各层的职责及协议

TCP/IP共分为5层，越靠上的层越接近用户，越靠下的层越接近设备端。各层都有各种各样的协议，TCP（Transmission Control Protocol）与IP（Internet Protocol）是其中的两个。

让通信符合应用程序
各个应用程序有各种各样的协议支持
应用层
HTTP SMTP POP3 FTP
TELNET NNTP RCP···
确保发出的数据能够切实到达收件人的应用程序处
传输层
TCP UDP
负责将数据送达收件人的计算机
不关心送达的数据是否损坏，或者收件人是否收到
网络层
IP
确保能够在直接连接于网络上的设备之间传递。为了完全消除网络层与物理层之间的不同，准备有各种各样的协议
数据链路层
Ethernet FDDI ATM
PPP PPPoE···
负责将数据转换为信号，将信号转换为数据。转换方法因通信媒体不同而不同，所以没有特定的协议
物理层
接近用户接近设备

一般情况下，TCP/IP指的是上述5层的整体。但有时也指TCP和IP这两个单独的协议。为了避免混淆，有时将5层协议叫作TCP/IP协议族。

协议的排列组合

通过改变协议的组合方式，能够应对各种各样的应用程序及设备。

新的应用程序开发出来之后，只要制作一个相应的应用层协议，就可以在英特网上使用了

因为TCP与IP的组合是核心协议，所以统称为TCP/IP

TELNET
SMTP
HTTP
FTP
POP3
TCP
UDP
IP
FDDI
PPP
Ethernet
ATM
PPPoE

新设备发明出来之后，只要制作一个数据链路层的协议，就可以在英特网上使用了

例如，发送电子邮件时用SMTP、TCP以及IP，接收信息时用POP3、TCP以及IP等，总之，根据“想要做什么”的内容不同，要使用的协议的组合会发生变化。

各层之间的联系方式

发件人与收件人的同一层之间，是用什么方法在交换信息呢?

附加必要的信息

发件人的各层，使用通用的格式，在数据上附加收件人的同一层所需的信息。在数据前端附加的信息叫作包头❶，在后端追加的信息叫作包尾❶。

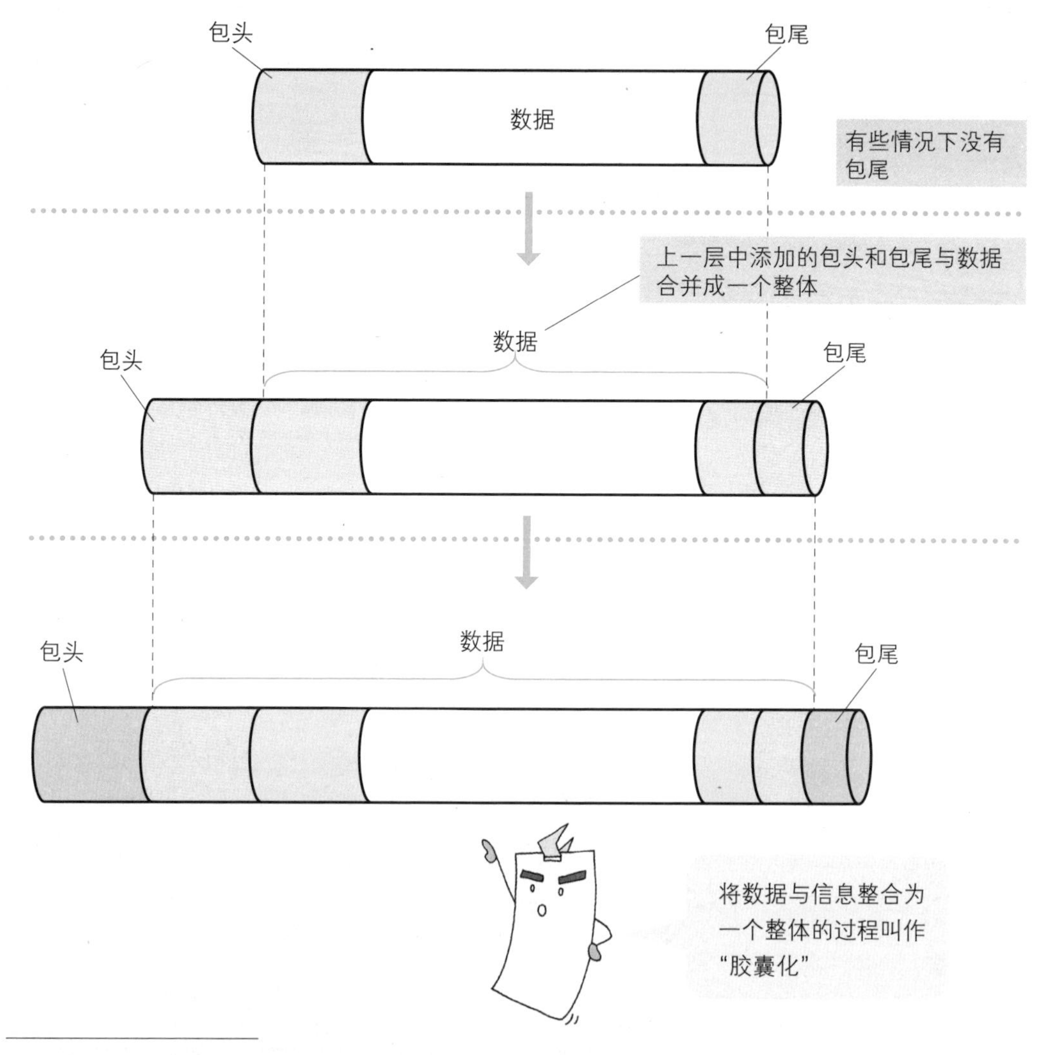
包头
包尾
数据
有些情况下没有包尾
上一层中添加的包头和包尾与数据合并成一个整体
数据
包头
包尾
数据
包头
包尾
将数据与信息整合为一个整体的过程叫作“胶囊化”

❶ 包头、包尾：数据分包传输中，位于数据开始之前的用来控制数据传输的特殊字段被称为包头，位于数据结束之后的特殊字段被称为包尾。

包头与层次化的关系

发件人的各层中添加的包头和包尾只能在收件人的同一层上被使用。所以，看起来像是发件人与收件人的同一层之间在单独交流。

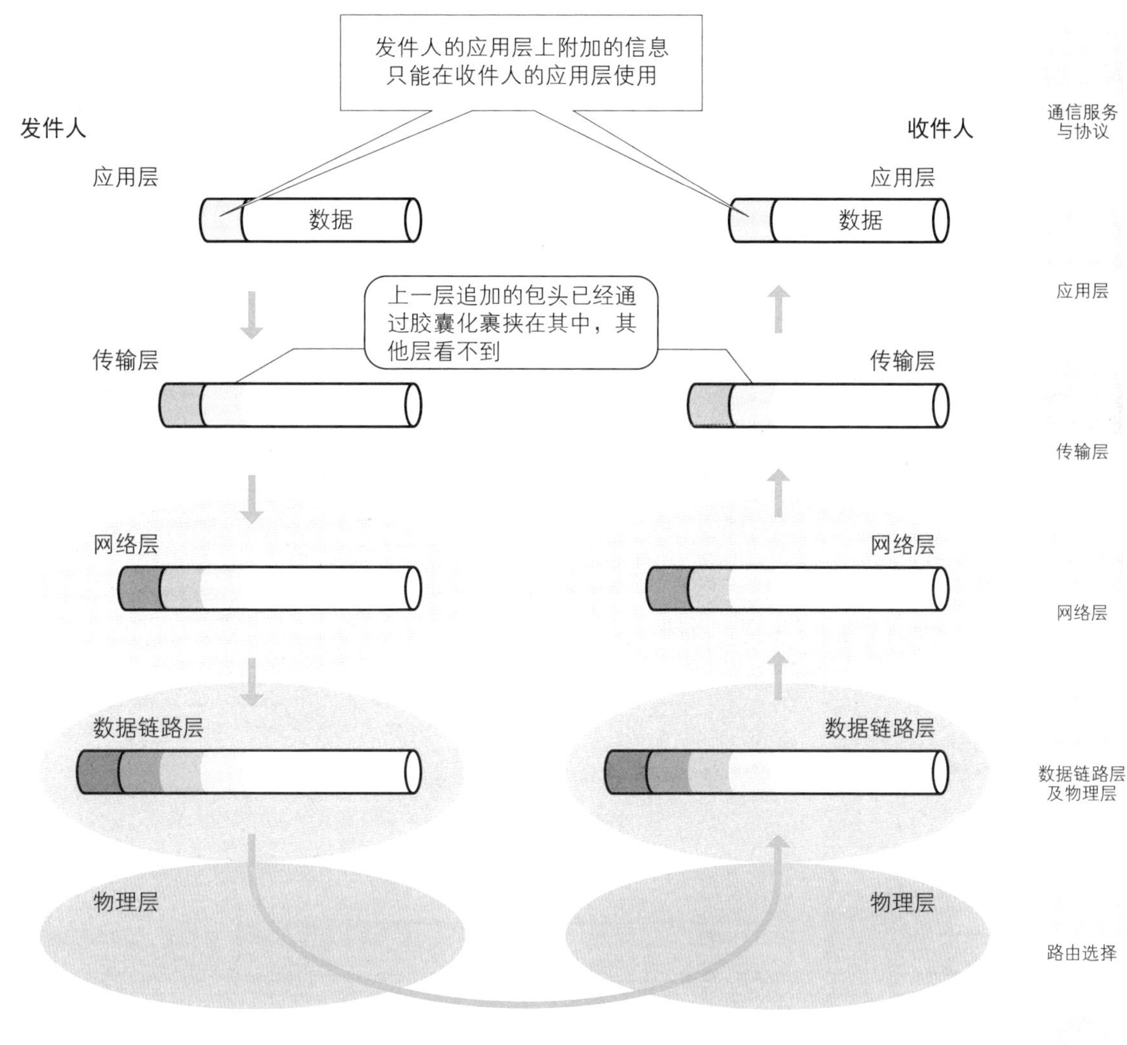

发件人的应用层上附加的信息
只能在收件人的应用层使用
发件人
收件人
应用层
数据
应用层
数据
上一层追加的包头已经通过胶囊化裹挟在其中，其他层看不到
传输层
传输层
网络层
网络层
数据链路层
数据链路层
物理层
物理层

用完的包头（包尾）
将按照顺序被剥离

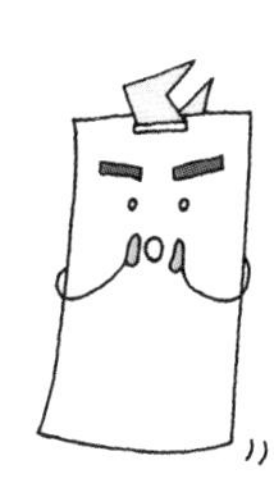

从各层的角度观察数据的发送与接收

让我们来看下各层中都发生了什么吧。

发件人的工作

发件人端执行的工作如下。

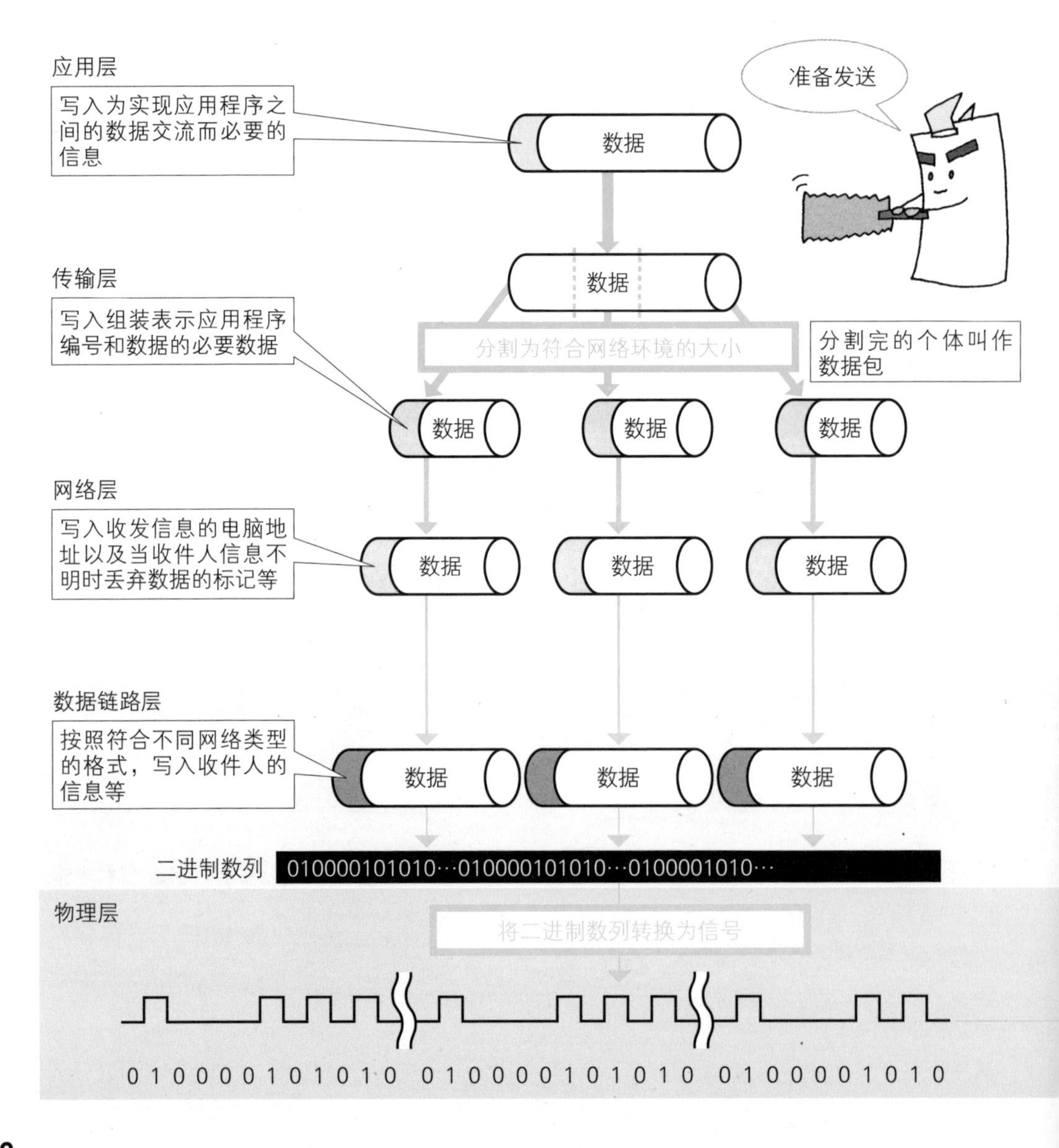

应用层
写入为实现应用程序之间的数据交流而必要的信息
准备发送
数据
传输层
写入组装表示应用程序编号和数据的必要数据
数据
分割为符合网络环境的大小
分割完的个体叫作数据包
数据
数据
数据
网络层
写入收发信息的电脑地址以及当收件人信息不明时丢弃数据的标记等
数据
数据
数据
数据链路层
按照符合不同网络类型的格式，写入收件人的信息等
数据
数据
数据
二进制数列
010000101010…010000101010…0100001010…
物理层
将二进制数列转换为信号
0 1 0 0 0 0 1 0 1 0 1 0 0 1 0 0 0 0 1 0 1 0 1 0 0 1 0 0 0 0 1 0 1 0

收件人的工作

收件人端按照与发件人端相反的步骤组装数据。

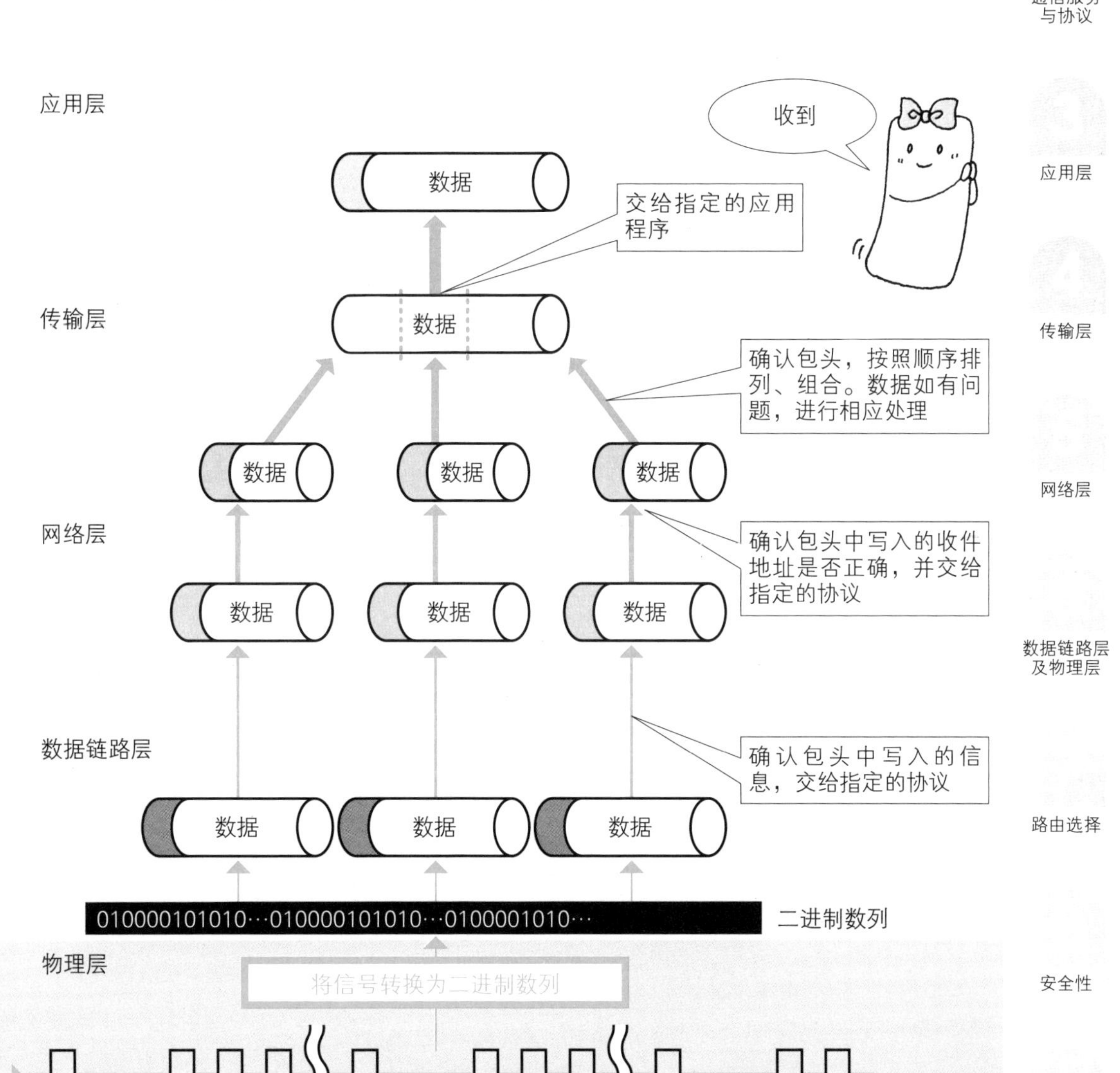
应用层
收到
数据
交给指定的应用程序
传输层
数据
确认包头，按照顺序排列、组合。数据如有问题，进行相应处理
数据
数据
数据
网络层
确认包头中写入的收件地址是否正确，并交给指定的协议
数据
数据
数据
数据链路层
确认包头中写入的信息，交给指定的协议
数据
数据
数据
010000101010…010000101010…0100001010…
二进制数列
物理层
将信号转换为二进制数列
0 1 0 0 0 0 1 0 1 0 1 0 0 1 0 0 0 0 1 0 1 0 1 0 0 1 0 0 0 0 1 0 1 0

数据包的旅行

让我们简单了解下数据包在网络上是如何传递的吧。

数据包通信

在TCP/IP中，通过将数据分割为一定的大小（数据包）来实现数据的发送或接收，即通过数据包交换的方法来交流。

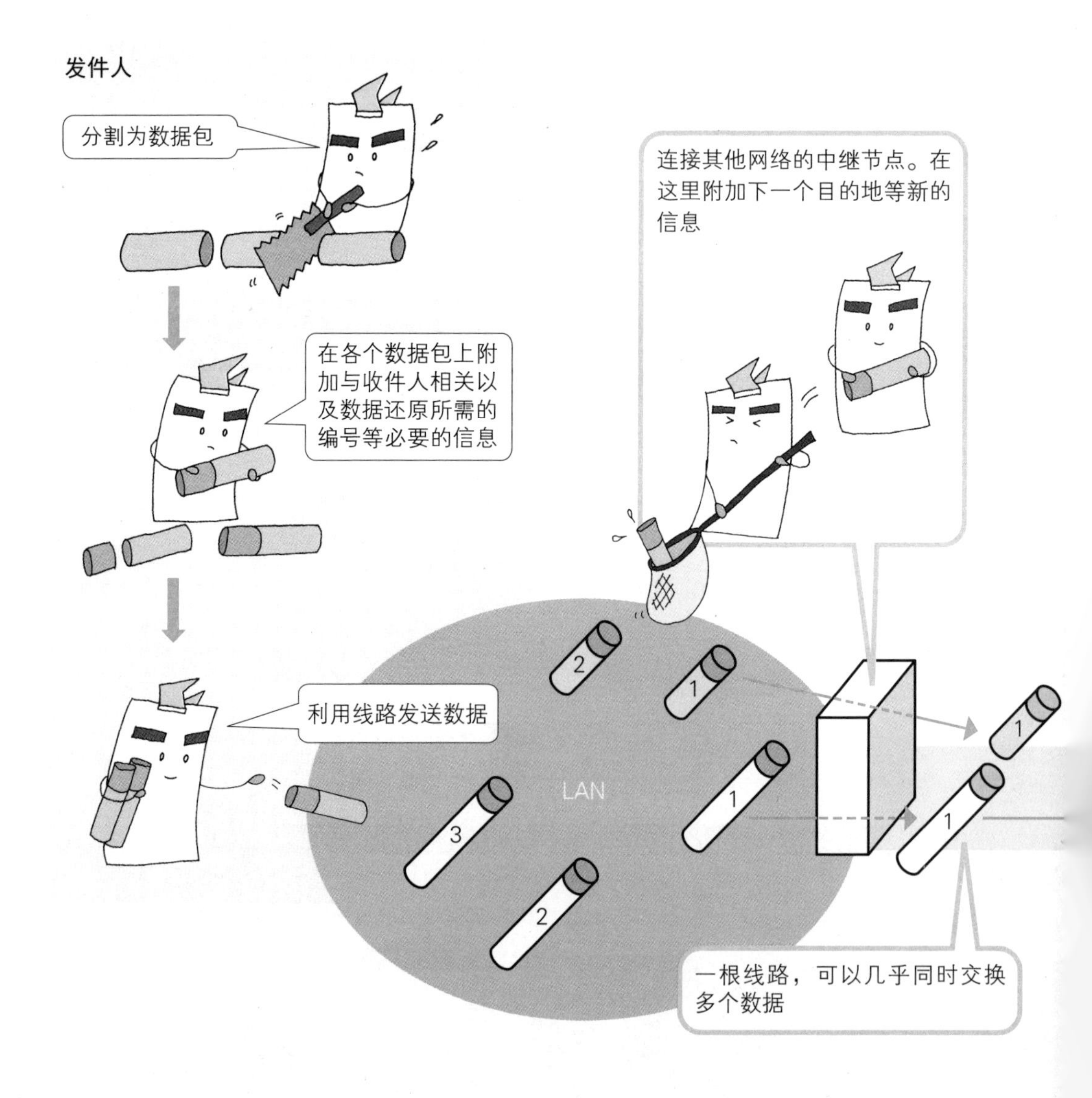
发件人
分割为数据包
在各个数据包上附加与收件人相关以及数据还原所需的编号等必要的信息
利用线路发送数据
连接其他网络的中继节点。在这里附加下一个目的地等新的信息
LAN
2
1
3
1
2
1
1
一根线路，可以几乎同时交换多个数据

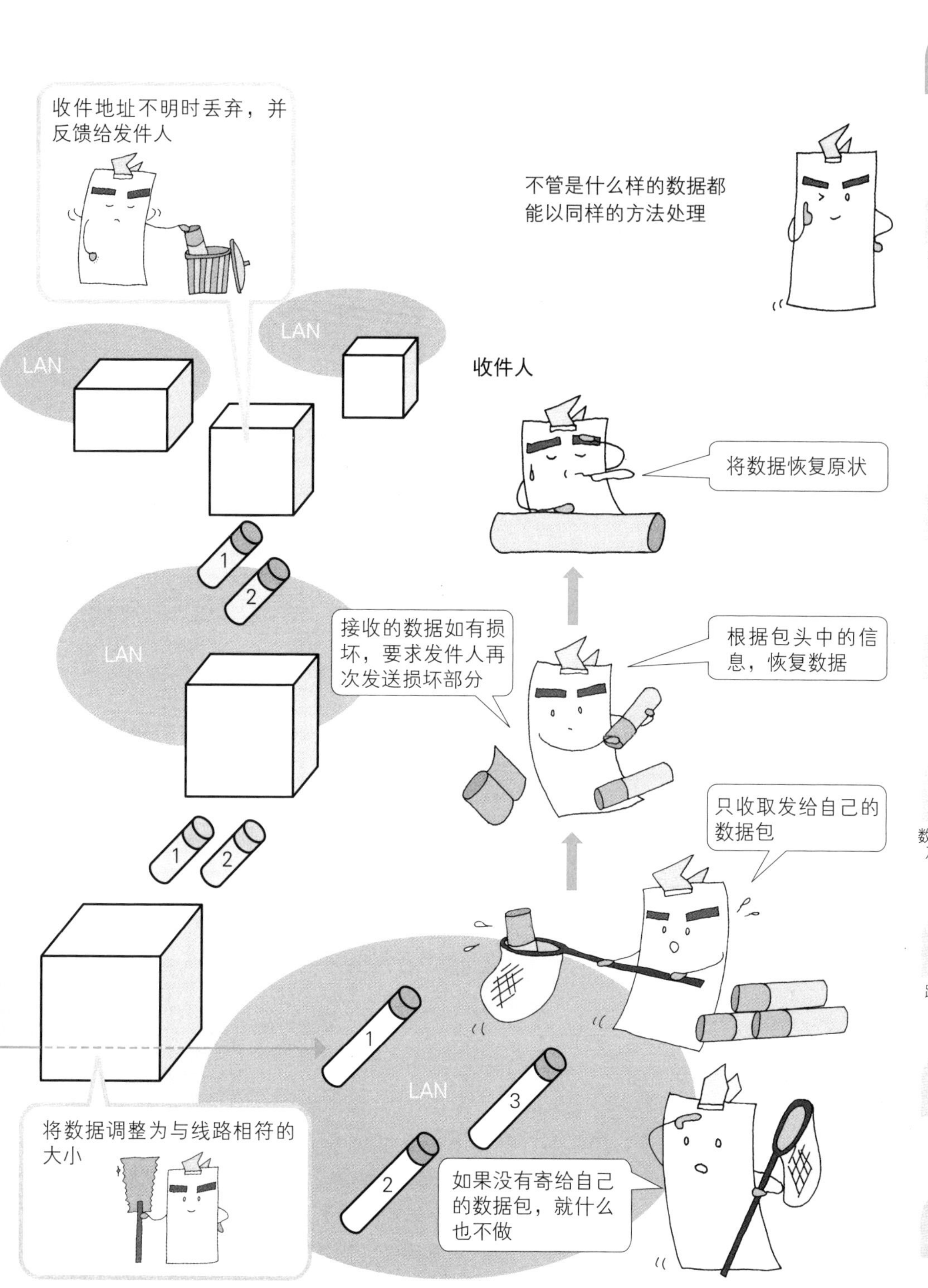
收件地址不明时丢弃，并反馈给发件人
不管是什么样的数据都能以同样的方法处理
LAN
LAN
收件人
将数据恢复原状
1
2
LAN
接收的数据如有损坏，要求发件人再次发送损坏部分
根据包头中的信息，恢复数据
1
2
只收取发给自己的数据包
1
LAN
3
将数据调整为与线路相符的大小
2
如果没有寄给自己的数据包，就什么也不做

专 栏

~通信环境的变迁~

现代的人们使用光纤或者无线等手段，认为高速且顺畅的通信环境是理所当然的。但实际上，在达到现在的状态之前，通信环境及通信速度经历过相对笨拙的时代，让我们一起来回顾一下这段历史吧。

模拟电话线路（通过拨号连接）

利用调制解调器，将电话线与计算机连接起来，使用模拟信号进行通信。缺点是，线路被用于网络通信时，无法同时实现电话功能。

ISDN（Integrated Services Digital Network）

包括电话、传真、计算机之间的通信在内，能将各种各样的数据以数字信号方式发送的电话线网络。共有两根线缆，电话通信和计算机通信可以同时进行。而且两根线缆同时使用时最高通信速度可达到128kbps，当然，通信费用也变成两倍。

ADSL（Asymmetric Digital Subscriber Network）

在现有的模拟电话线路中，利用电话通信不会占用的频率来发送数字数据。此种方式虽然可以保证网络与电话通信同时进行，但自从光纤与手机普及之后，使用人数不断减少。

CATV

利用有线电视的线路进行通信。虽然与ADSL几乎同时被开发出来，但随着其通信速度的不断提升等原因，现在的使用人数依然可观。

光纤

光纤铺设到各个家庭之后，数字通信变得普遍。其速度非常快，是现有的有线通信中的主流方式。

无线

利用电磁波进行通信。最近，最普遍被使用的是无线LAN规格中的Wi-Fi。

通信速度示例

线路的种类	上行	下行
模拟电话线路	56kbps	56kbps
ISDN	64kbps	64kbps
ADSL	5Mbps	50Mbps
CATV	10Mbps	320Mbps
光纤	1Gbps	1Gbps
无线	30Mbps	440Mbps

注：从电脑向网络发送数据的情况叫作“上行”，反之叫作“下行”。此外，以上速度是理论值，实际速度会受到环境及各种条件影响。

2

通信服务与协议

图解
TCP/IP
这里是关键
key

TCP/IP的能力

TCP/IP诞生之后，结构不同的计算机之间的交流变得更为简单了。之后，将整个世界连接起来的巨大网络——英特网应运而生。

说起英特网，很多人脑海中会浮现电子邮件以及Web网站功能。确实，我们平时进行的电子邮件收发以及Web网站的浏览都是建立在TCP/IP基础上的。但是，姑且不论电子邮件，几乎很少会有人意识到Web网站的浏览行为实际是在“与其他计算机通信”。但事实就是网页浏览行为是通过“计算机之间的信息交换”实现的。本章即将介绍在Web网页显示出来之前，计算机之间都进行了什么样的交流。

除上述之外，还有很多服务可以在LAN及WAN的环境下使用。本章将在介绍部分这样的服务的同时，展示TCP/IP具体的工作场景。

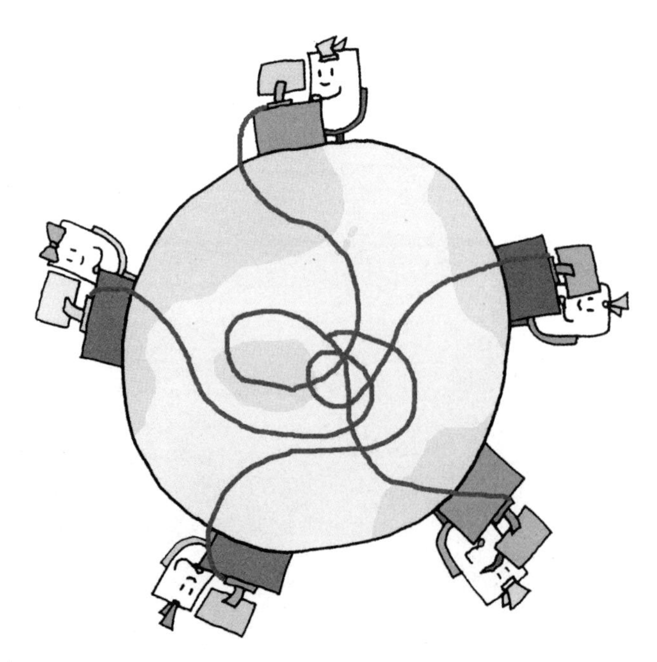

通信服务与协议

前文已经提到“通信服务是通过计算机之间的信息交换而实现的”。但是，严格来讲，信息的交换不是在“计算机之间”，而是在“计算机程序之间”实施的。其中，拥有提供服务功能的程序叫作服务器（服务者），拥有接受服务功能的程序叫作客户（委托人）。即，大部分的通信服务是通过服务器与客户之间的交流实现的。

类似于在饭店，客户下单后饭菜被端出来一样，通信服务也是从客户对服务器提出要求后开始的。此时，服务器与客户之间执行的服务固有的交流“规定”就叫作应用协议。

本章将对主要通信服务的原理以及支撑该原理的应用协议进行介绍。在深入学习TCP/IP的各层之前，首先了解一下以TCP/IP为基础的通信服务都有哪些吧。

MENU

服务器与客户

“服务器”与“客户”是通信服务的基石。

服务提供端 / 接受端

服务提供端叫作服务器，服务接受端叫作客户。众多使用TCP/IP协议的服务都是在“服务器与客户的交流”中实现的。

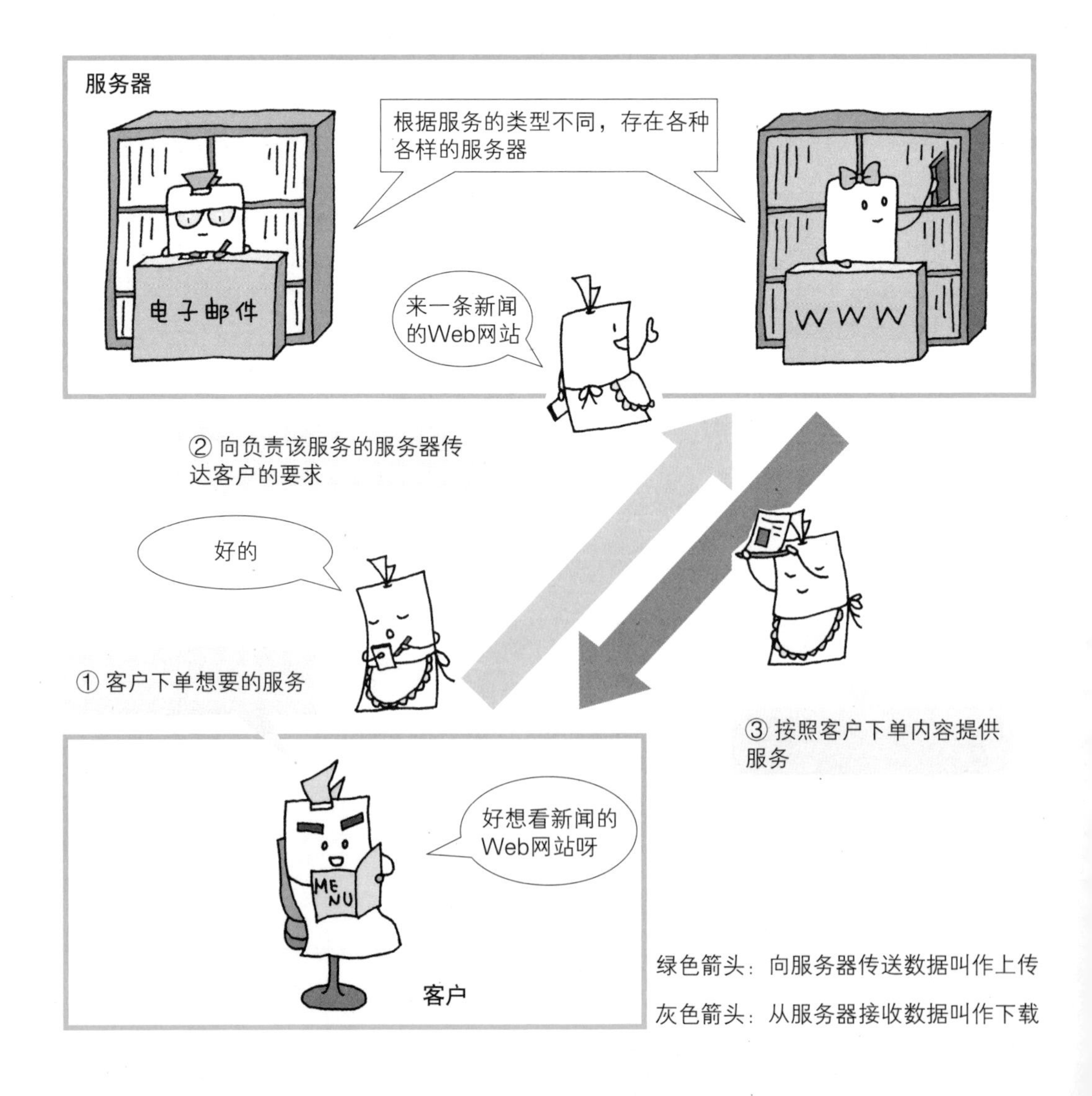
服务器
根据服务的类型不同，存在各种各样的服务器
电子邮件
来一条新闻的Web网站
WWW
② 向负责该服务的服务器传达客户的要求
好的
① 客户下单想要的服务
③ 按照客户下单内容提供服务
好想看新闻的Web网站呀
MENU
客户
绿色箭头：向服务器传送数据叫作上传
灰色箭头：从服务器接收数据叫作下载

≫ 一台计算机可以扮演几个角色?

服务器是拥有服务提供功能的程序，客户是拥有请求服务并以用户能够理解的形式显示服务要求功能的程序，也就是说通信服务是通过两个程序之间的交流完成的。

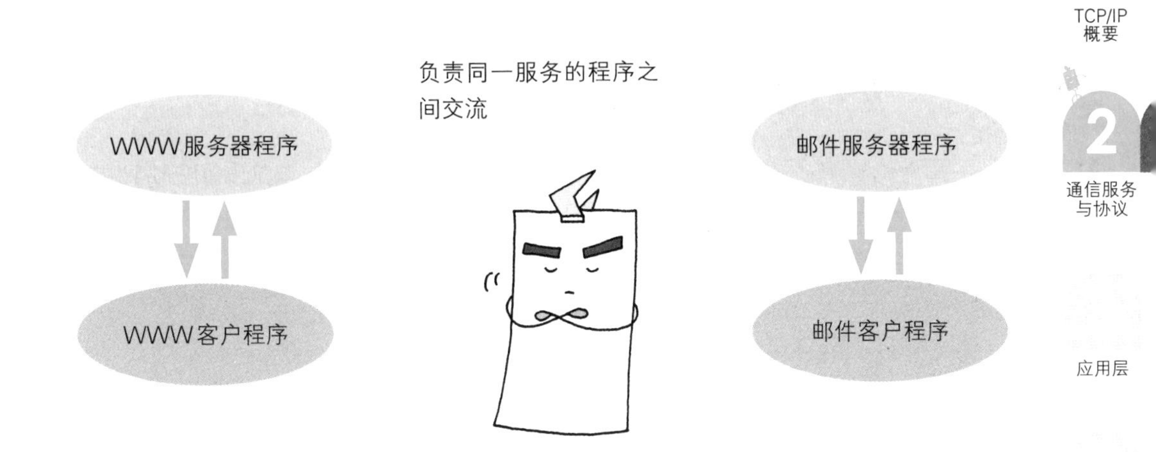
负责同一服务的程序之间交流
WWW服务器程序
WWW客户程序
邮件服务器程序
邮件客户程序

如果一台计算机既有提供电子邮件服务的功能，又有提供WWW服务的功能，那么它“既是WWW服务器，又是邮件服务器”。

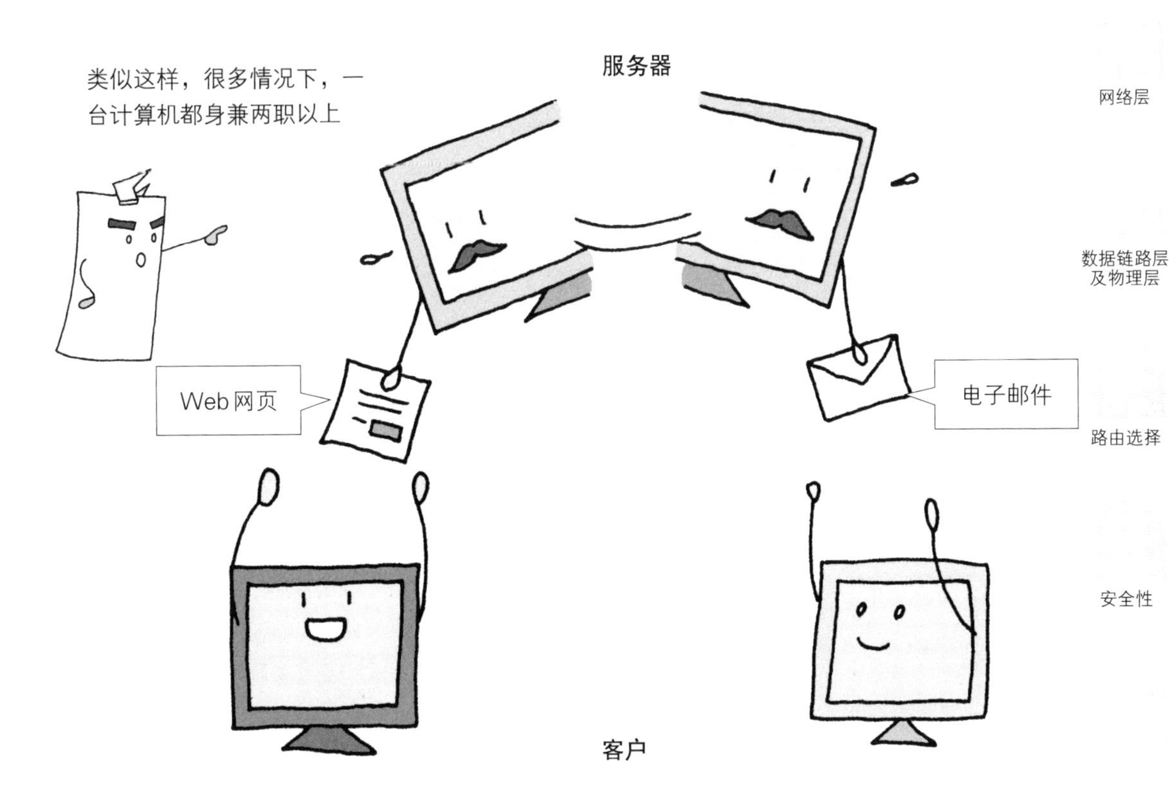
类似这样，很多情况下，一台计算机都身兼两职以上
服务器
Web网页
电子邮件
客户

显示数据是否存在

当客户端向服务器提出“想要这个数据”的请求时，服务器需要向客户端明确展示该数据是否存在。

URL 是什么?

在网络上展示特定数据等时要用到URL❶（Uniform Resource Locator）。仔细观察平时从没留意过的URL的话，可以得到如下结构。

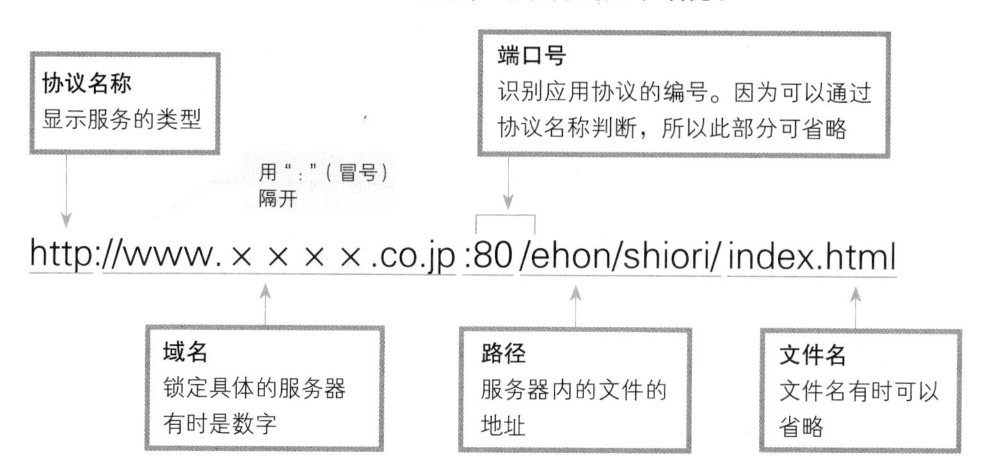

协议名称
显示服务的类型
端口号
识别应用协议的编号。因为可以通过协议名称判断，所以此部分可省略
用“:”（冒号）隔开
http://www.××××.co.jp:80/ehon/shiori/index.html
域名
锁定具体的服务器
有时是数字
路径
服务器内的文件的地址
文件名
文件名有时可以省略

以上URL表示的是“××公司的WWW服务器内的‘ehon’文件夹中‘shiori’文件夹中的index.html文件”。

协议名称

协议名称表示的是服务，举例如下。

协议名称	服务名称
http	WWW
https	WWW（SSL/TLS）
ftp	文件转发
mailto	电子邮件
telnet	远程登录
file	本地文件

URL也被用于WWW以外的服务

❶ URL：统一资源定位符，俗称网页地址或简称网址。是英特网上标准的资源的地址，如同在网络上的门牌。

域名

让我们以上一页的URL为例，稍微详细地分析一下域名的结构吧。

服务器名称
WWW经常被用于WWW服务器

机构属性
显示包括教育机关及企业等在内的机构性质的文字列。根据国家不同而不同

www.××××.co.jp

用“.”（句点）隔开

机构名称
机构名称文字列

国家代码
各个国家规定有不同的代码

上述域名显示的是“日本企业××××的WWW服务器”。其结构有层次，越靠右，范围越广。

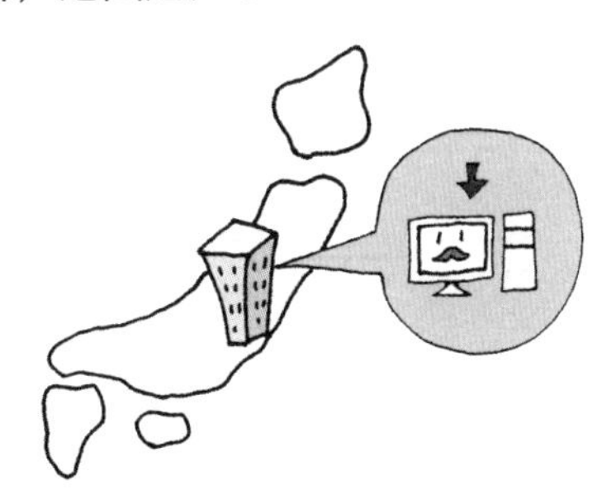

好像英文地址一样

gTLD与ccTLD

类似“com”及“org”这样的，任何国家都可以使用的机构属性叫作gTLD（generic Top Level Domain）。使用gTLD时，不需要国家代码。反之，只能在本国国内使用的机构属性（“co”等）叫作ccTLD。

主要的gTLD	含义
com	“commercial”的省略，商业用
org	“organization”的省略，非营利性团体用
net	“network”的省略，网络相关公司用
biz	“business”的省略，商务用
info	“information”的省略，信息服务相关企业用

最近经常能看到哦

注意，不需要严格遵守上述含义使用，例如，自然人也可以获取“com”。

WWW

提到英特网，首先能想到的就是Web网页浏览功能。实现此功能的服务叫作WWW。

WWW（World Wide Web）

Web网页是用超级文本制作而成的。超级文本是指能在基础页面上嵌入其他页面的位置信息，使两者结合在一起的文本格式。Web网页支持的功能如下所示。

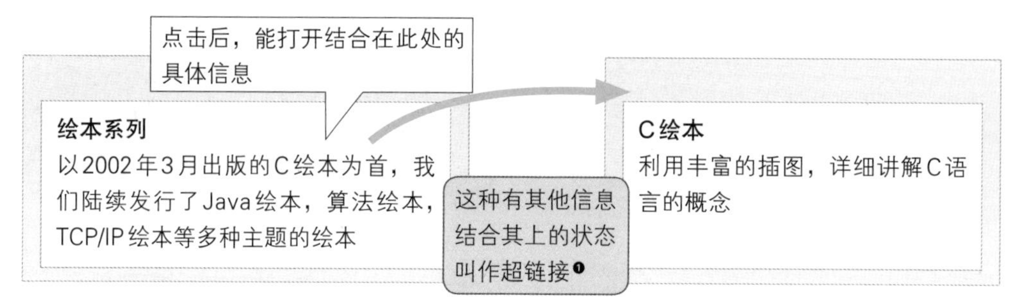

点击后，能打开结合在此处的具体信息
绘本系列
以2002年3月出版的C绘本为首，我们陆续发行了Java绘本，算法绘本，TCP/IP绘本等多种主题的绘本
这种有其他信息结合其上的状态叫作超链接❶
C绘本
利用丰富的插图，详细讲解C语言的概念

利用超级文本，在世界范围的网络上公开信息、共享信息的服务叫作WWW服务。

WWW浏览器

WWW中的客户是叫作WWW（Web）浏览器的应用程序。该程序从服务器处得到数据后，以用户易于理解的形式表现出来。

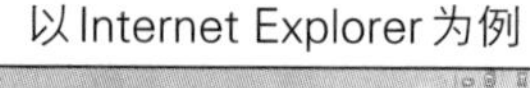

以Internet Explorer为例

地址（URL）
输入/显示现在显示中的Web页面的URL
书签
可以将网页的URL放入书签（收藏夹）内
返回/前进
Baidu百度
比较有名的有Internet Explorer、Chrome等

❶ 所谓的超链接是指从一个网页指向一个目标的连接关系，这个目标可以是另一个网页，也可以是相同网页上的不同位置，还可以是一个图片、一个电子邮件地址、一个文件，甚至是一个应用程序。作用与论文中的参考文献或注释类似。

WWW 概要

WWW是通过WWW服务器与WWW浏览器的交流来实现的。交流是在HTTP（Hyper Text Transfer Protocol）协议的基础上实施的。

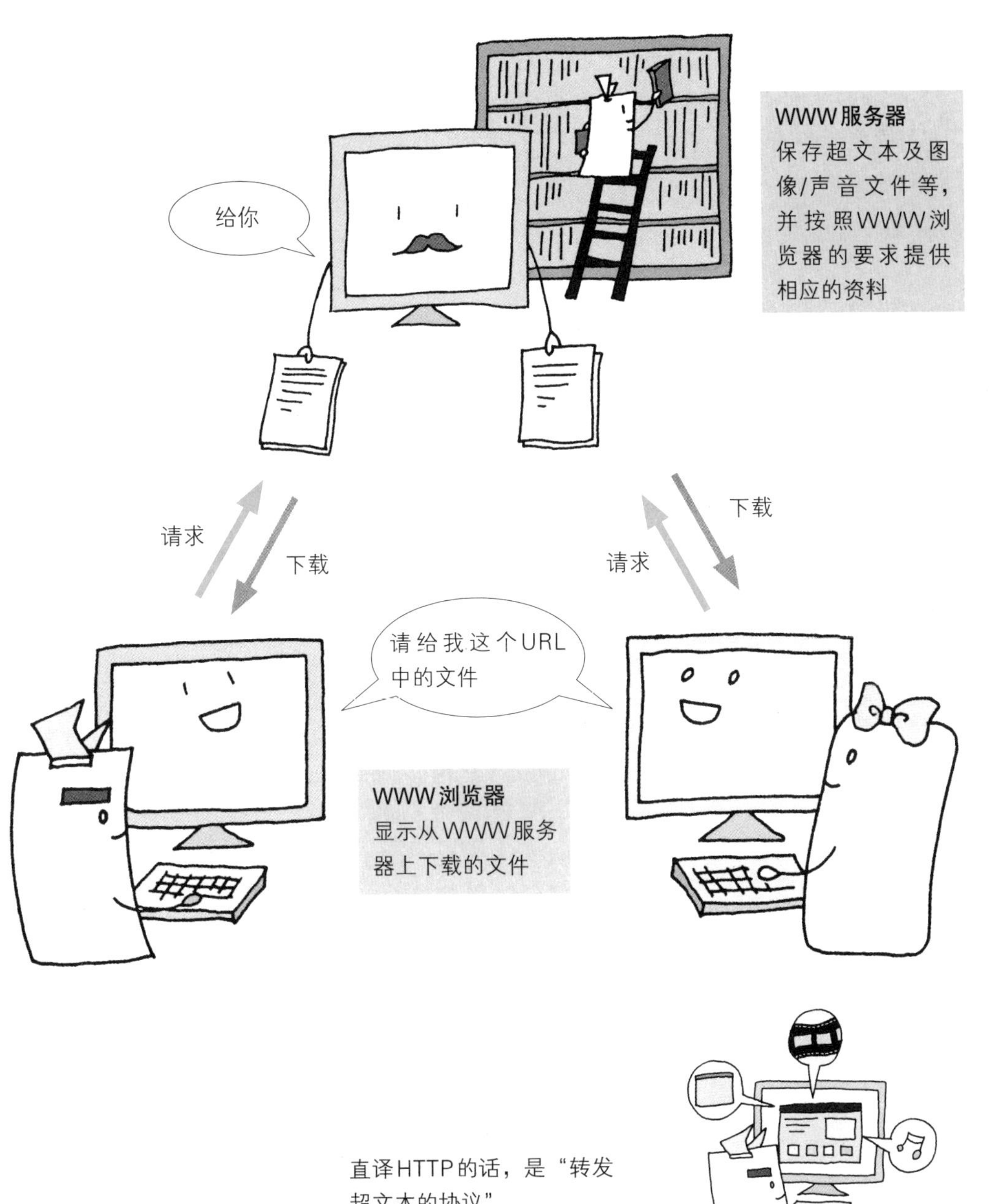

WWW服务器
保存超文本及图像/声音文件等，并按照WWW浏览器的要求提供相应的资料
给你
请求
下载
下载
请求
请给我这个URL中的文件
WWW浏览器
显示从WWW服务器上下载的文件
直译HTTP的话，是“转发超文本的协议”

电子邮件

电子邮件是将网络看作邮政系统，用户可以在其上相互交流。让我们大概地了解一下吧。

电子邮件服务

电子邮件服务是能够实现用户之间用文字或者文件等轻松交流的服务之一。与现实世界中的邮政系统不同的是，邮件的往来是通过邮箱实现的。

用“@”隔开

user1@mail.shiori.co.jp

邮件账号
用户特有的文字列

域名
邮箱所在的服务器的地址

邮件地址显示的是邮箱所在的位置

user 1
找到了，给你
mail.shiori.co.jp

我是信使，我的邮件到了吗

查看自己的邮箱，如果邮件到了就接收下来

邮件服务器就像邮局，邮箱就像私人信箱。

电子邮件程序

在电子邮件的服务中，客户是叫作电子邮件程序的应用程序。

Outlook及Thunderbird等比较有名

收发信 回复 转发

收件人邮箱地址（To）

发件人邮箱地址（From）

主题（Subject）

正文

电子邮件概要

电子邮件服务是通过邮件服务器与电子邮件程序之间的交流实现的。交流时，主要用到两个协议。下图中，负责绿色箭包头分的是SMTP（Simple Mail Transfer Protocol），负责灰色箭包头分的是POP（Post Office Protocol）。

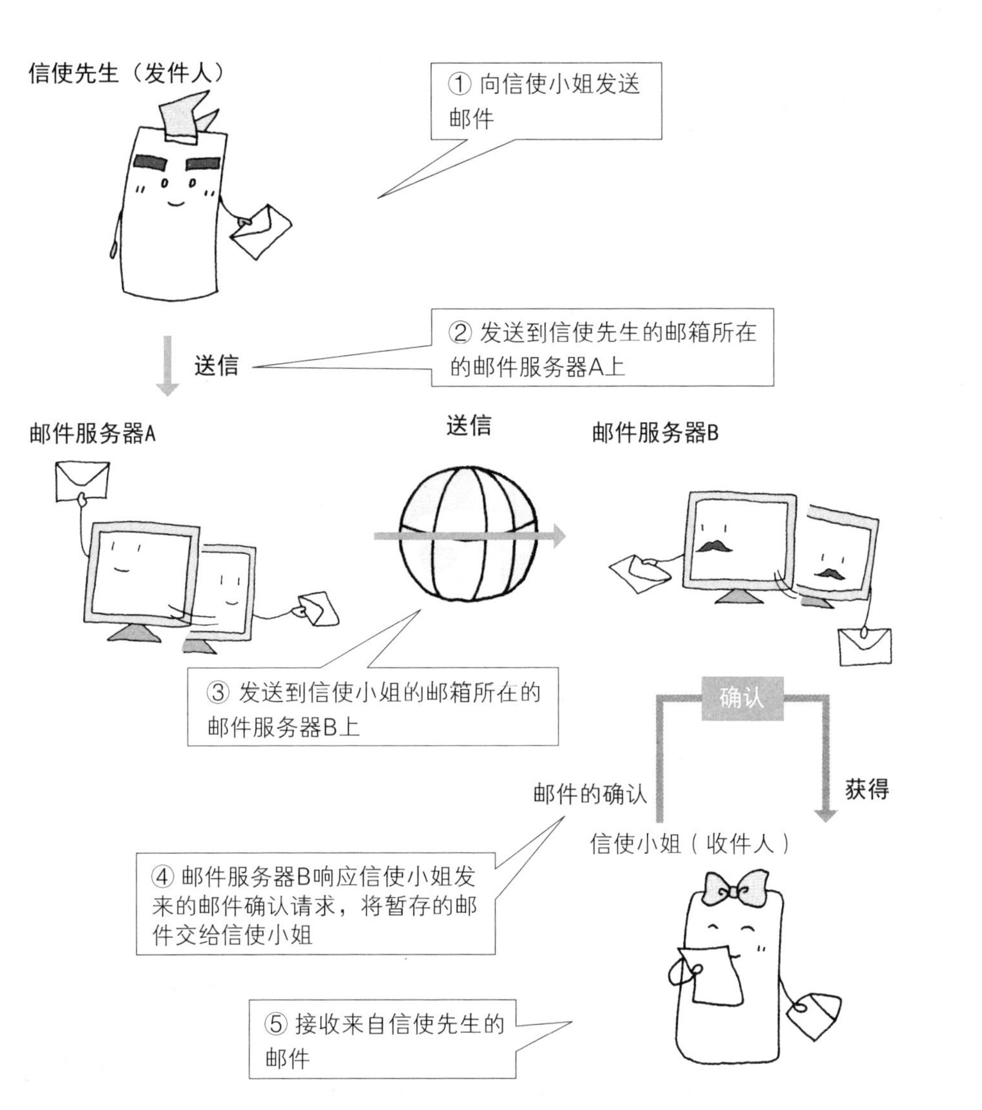

信使先生（发件人）
① 向信使小姐发送邮件
送信
② 发送到信使先生的邮箱所在的邮件服务器A上
邮件服务器A
送信
邮件服务器B
③ 发送到信使小姐的邮箱所在的邮件服务器B上
确认
邮件的确认
获得
信使小姐（收件人）
④ 邮件服务器B响应信使小姐发来的邮件确认请求，将暂存的邮件交给信使小姐
⑤ 接收来自信使先生的邮件

利用SMTP，负责邮件转发的程序叫作SMTP服务器；利用POP，负责向客户提供邮件的程序叫作POP服务器。一般情况下，同一台计算机既是SMTP服务器又是POP服务器。

文件转发

文件转发是支持文件高效交换的服务，代表性的有FTP服务。

文件转发服务

文件转发服务是实现计算机之间轻松地交换文件的服务之一。该服务在向WWW服务器上传Web网页数据时使用。

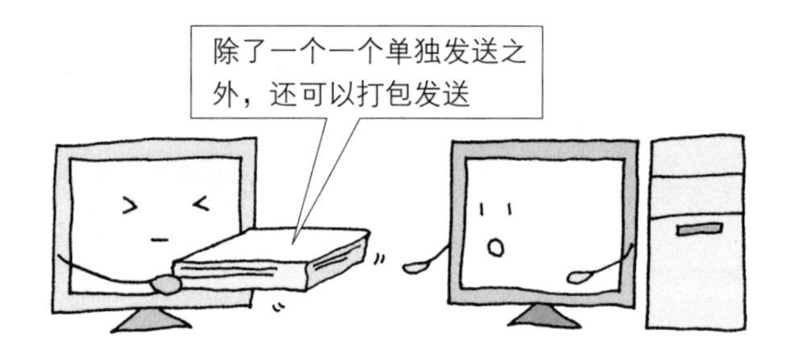
除了一个一个单独发送之外，还可以打包发送

在文件转发服务中，比较有名的是FTP服务。一般情况下，FTP服务器内准备有转发的空间，以方便客户上传或者下载文件。

FTP客户

FTP服务中的客户，是支持专用的应用程序及FTP服务的WWW浏览器等。

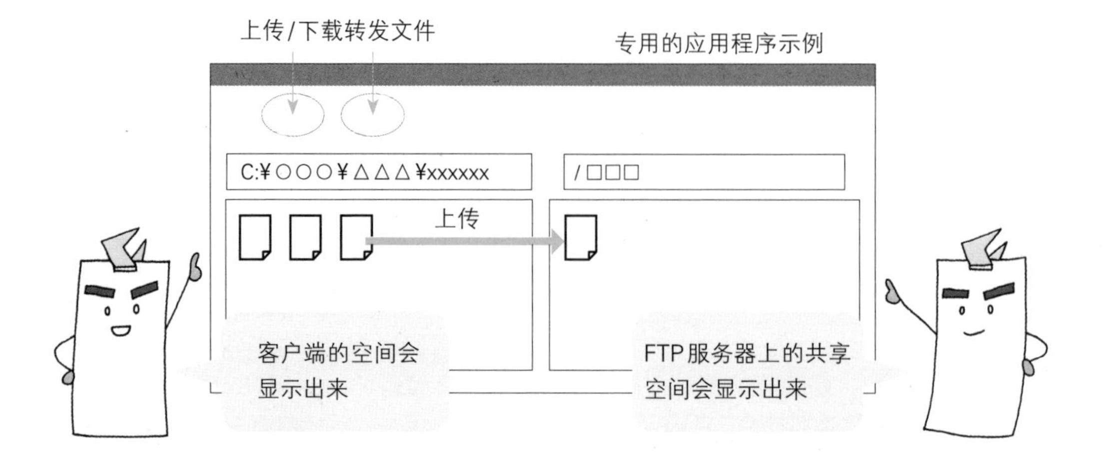
上传/下载转发文件
专用的应用程序示例
C:¥○○○¥△△△¥xxxxxx
/□□□
上传
客户端的空间会显示出来
FTP服务器上的共享空间会显示出来

FTP 概要

FTP服务是通过FTP服务器与FTP客户之间的交流实现的。交流是基于FTP（File Transfer Protocol）协议实施的。

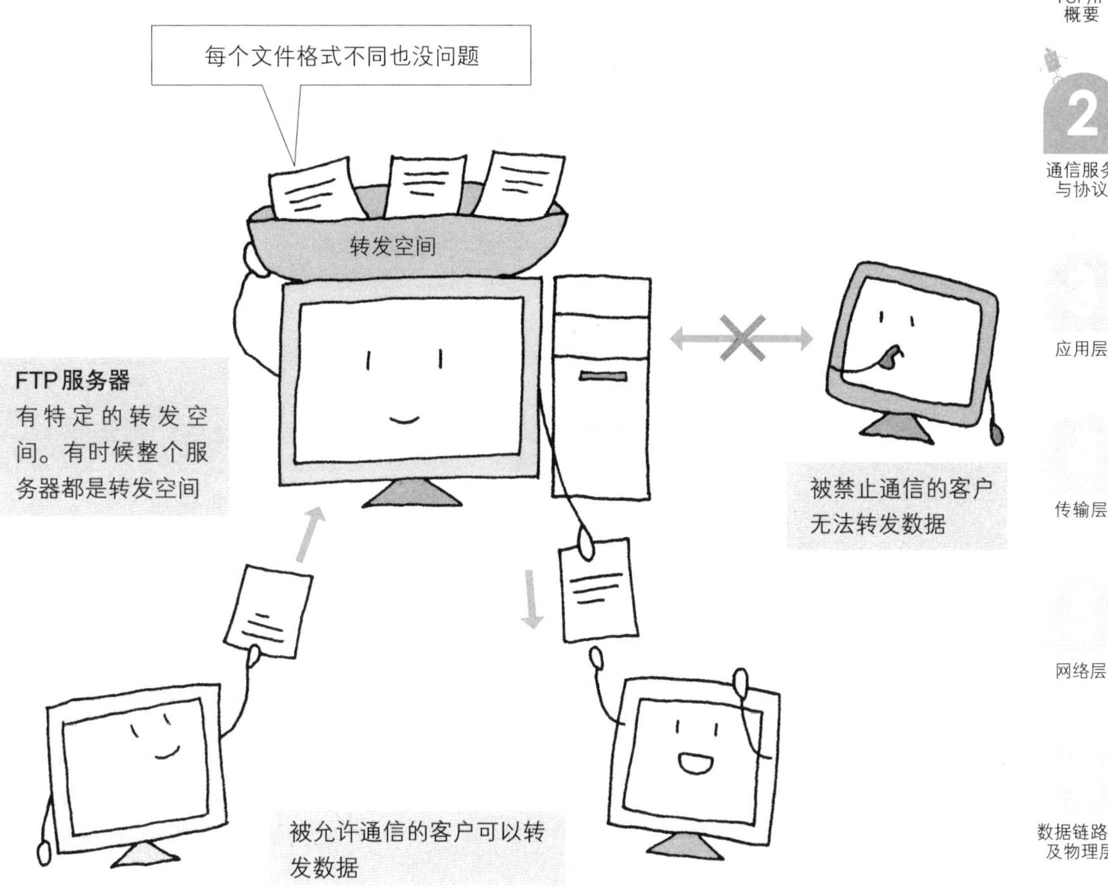
每个文件格式不同也没问题
转发空间
FTP服务器
有特定的转发空间。有时候整个服务器都是转发空间
被禁止通信的客户无法转发数据
被允许通信的客户可以转发数据

在FTP中，因为数据是以明文形式发送的，所以存在安全方面的隐患。鉴于此，现在一般推荐使用的是能将数据加密后再发送的FTPS（File Transfer Protocol over SSL/TLS）以及SFTP（SSH File Transfer Protocol）协议。

Anonymous FTP

任何计算机都可以转发（一般只有下载）的FTP服务叫作Anonymous FTP服务。Anonymous是“匿名的”的意思

远程登录（1）

“如果能在家里操作公司的计算机就好了……”能够实现这个愿望的服务就是远程登录。

远程登录

远程登录是操作位于远处的其他计算机。因为要进入到远方的计算机来操作，所以叫作远程登录。代表性的服务有Telnet。

Telnet 客户

Telnet中的客户是telnet命令以及叫作Tera Term的应用程序。这些应用程序，一般情况下是在CUI（Character User Interface）环境❶中运行的。

① 打开命令提示符，启动Telnet。在自变量中指定服务器名称。

PS C:¥> telnet myserver
命令名称
服务器名称

② 屏幕中要求填写用户ID及密码，输入相应内容。认证成功后即可操作。

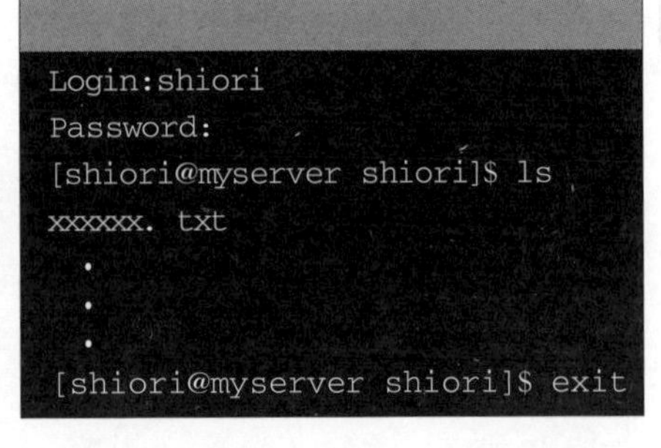
Login:shiori
Password:
[shiori@myserver shiori]$ ls
xxxxxx. txt
[shiori@myserver shiori]$ exit

屏幕上虽然不显示密码，但已经被输入了进去

❶ 在CUI中，屏幕上只显示文字，用户与计算机之间只通过文字交流。

Telnet 的概要

在Telnet服务中，通过客户端键盘输入的命令（指令）被发送到服务器，服务器将处理的结果反馈给客户。服务器与客户之间的交流是在TELNET协议的基础上进行的。

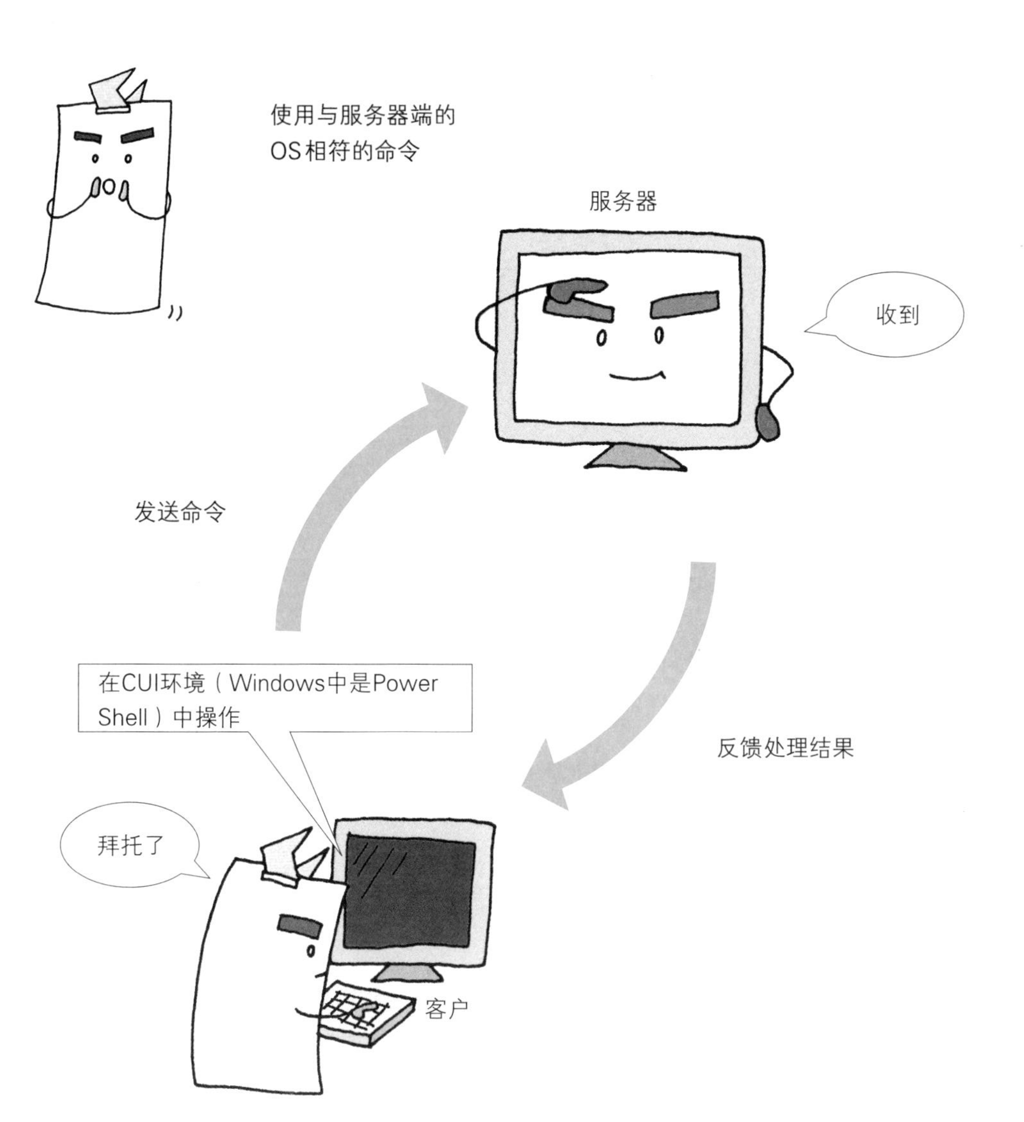

使用与服务器端的
OS相符的命令
服务器
收到
发送命令
反馈处理结果
在CUI环境（Windows中是Power Shell）中操作
拜托了
客户

远程登录（2）

本节将介绍在远程登录中使用的SSH及远程登录的一种：远程桌面。

SSH（Secure Shell）

SSH是在其他计算机上登录时，对通信加密的协议。因为Telnet中缺乏加密功能，所以存在信息被截获、泄露的隐患。

如果是Telnet
因为原原本本地传递命令，所以通信内容是完全暴露的

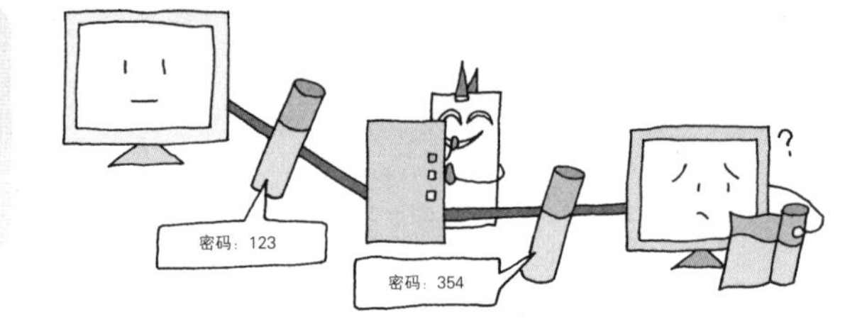

密码：123
密码：354

如果是SSH
因为是将命令加密后再发送，所以即便被第三方截获，通信的内容也不会轻易被解密

下图是使用SSH登录的示例。

```
[shiori@mail01 ~]$ ls
Maildir
[shiori@mail01 ~]$ pwd
/home/shiori
[shiori@mail01 ~]$
```

桌面共享

桌面共享指的是访问网络上其他计算机的桌面环境，操作文件及应用程序的技术。Windows中叫作远程桌面。使用远程桌面访问时，需要具备以下条件。

远程桌面示例

● 电源处于接通状态
● 网络处于连接状态
● 远程桌面功能已开通，允许访问
使用"RDP（Remote Desktop Protocol）"通信协议
键盘及鼠标的操作
被操纵的计算机
屏幕显示

可以在GUI环境中操作

其他的OS也有相同的功能。例如，macOS中有"屏幕共享"这个功能。

文件共享

文件等能够与其他用户共同使用的状态叫作“共享”。

文件共享

有一种通信服务能够实现文件及应用程序等与其他客户的共享。在这种服务中，共享的应用程序的文件可以分别在不同的计算机上运行。

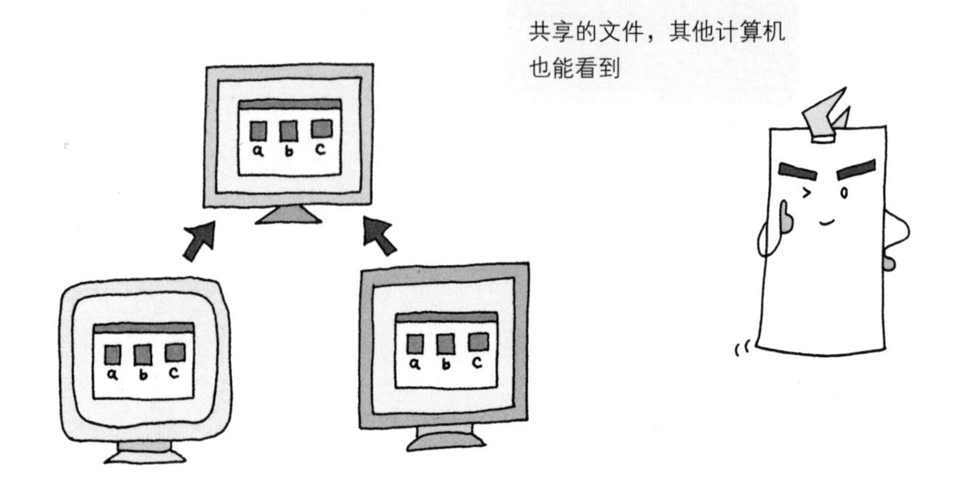
共享的文件，其他计算机也能看到
a b c
a b c
a b c

文件共享服务所使用的协议，根据OS不同而不同。例如，在UNIX与Windows之间共享时，UNIX端需要有叫作Samba的应用程序。

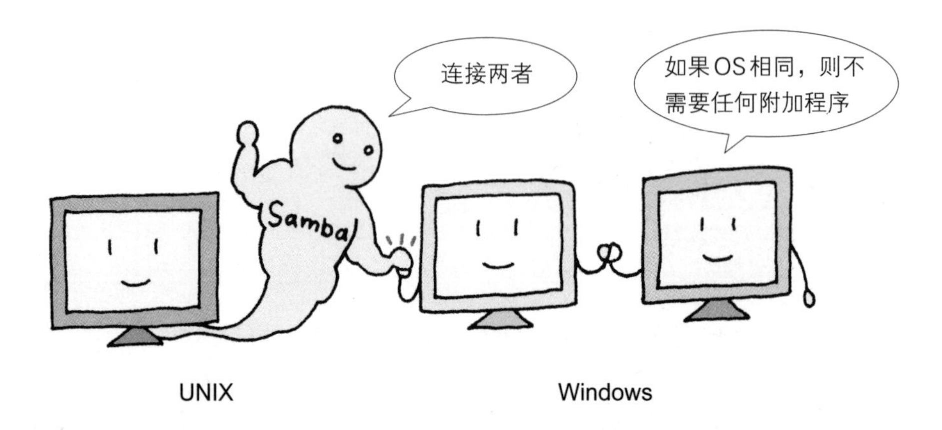
连接两者
如果OS相同，则不需要任何附加程序
Samba
UNIX
Windows

文件共享概要

文件共享是通过将用户的操作实时发往服务器来实现的。此服务中使用的主要协议为：Windows中是SMB（Server Message Block）及CIFS（Common Internet File System），UNIX中是NFS（Network File System）。

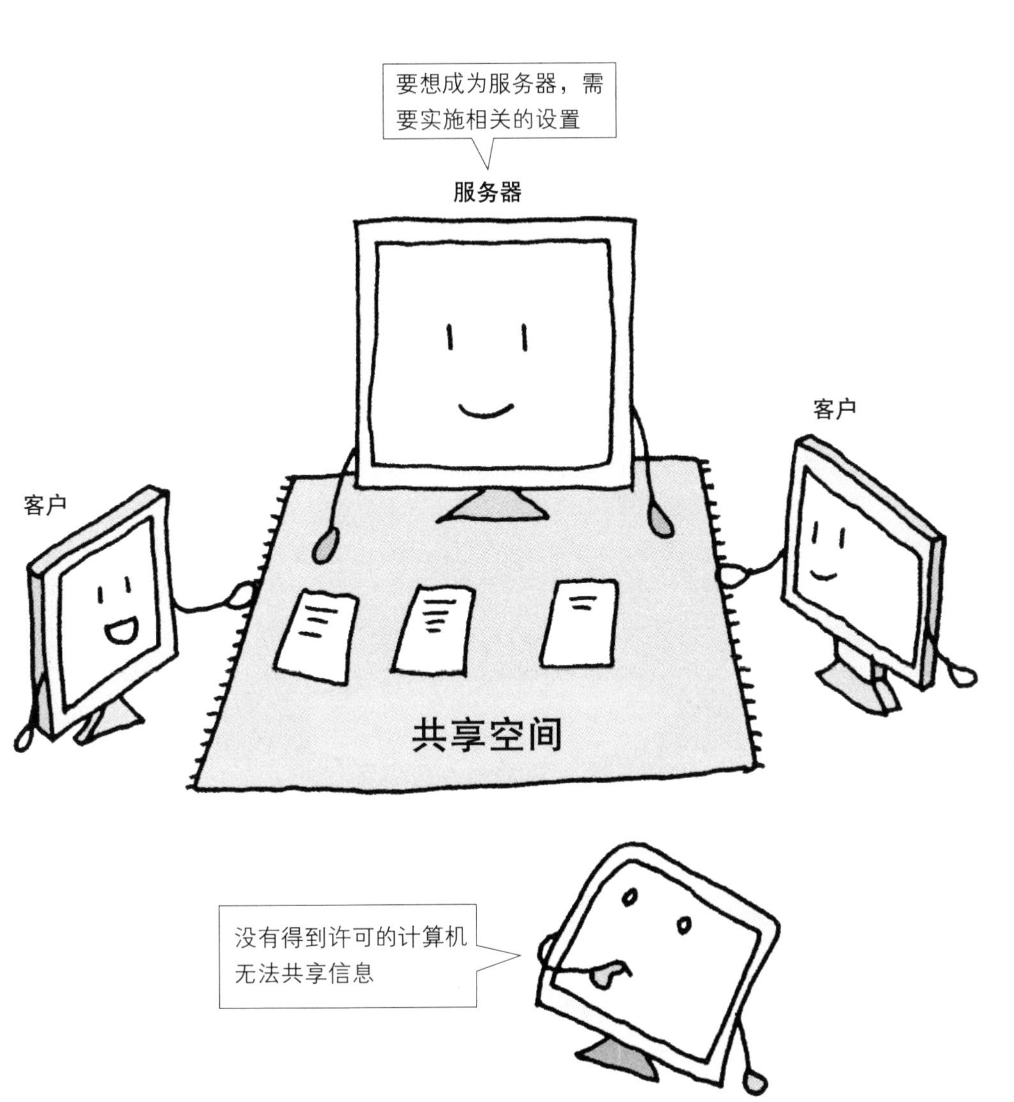
要想成为服务器，需要实施相关的设置
服务器
客户
客户
共享空间
没有得到许可的计算机无法共享信息

其他服务

IP电话及即时通信系统等通信服务。

IP电话

将对方的电话号码及声音数据以数据包的形式传递的技术叫作VoIP（Voice over IP）。利用此技术，在英特网及独立的网络中通信的电话服务叫作IP电话。

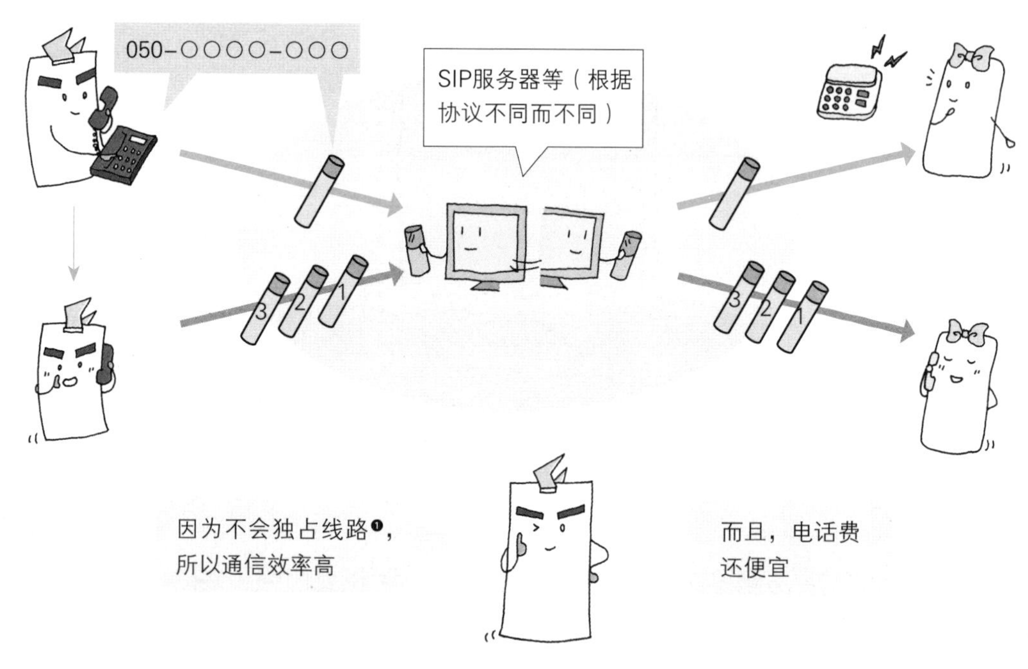
050-○○○○-○○○
SIP服务器等（根据协议不同而不同）
3
2
1
3
2
1
因为不会独占线路❶，所以通信效率高
而且，电话费还便宜

IP电话服务是通过两个部分完成的。拨打对方号码，电话接通之前（绿色箭头部分）是基于SIP（Session Initiation Protocol）协议执行的，实际开始对话之后（灰色箭头部分）是基于RTP（Real-time Transport Protocol）或者RTCP（RTP Control Protocol）协议执行的。

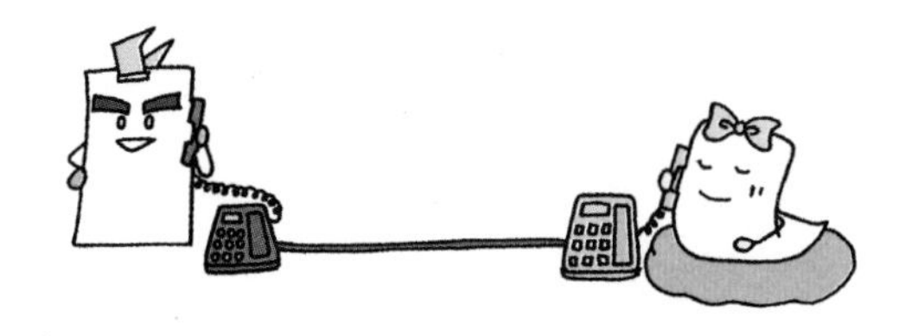

❶ 普通电话通话时，会独占一条线路。这样的通信方式叫作电路交换。

即时通信（IM）

提前确认已经登录的其他客户（成员）是否处于可通信状态，显示其状态，并可以实时通信。

不断地确认客户的情况

IM用服务器
确认对方的状态
传递信息
声音通信
电子会议

不在座位上
可以通信，但无法回复信息的状态

离线
无法通信

在线
可以通信

还有很多其他功能

IM当中，根据功能不同，使用不同的协议。主要客户虽然有Skype、LINE等，但因为协议不统一，所以不同客户之间无法通信。

专 栏

~世界上第一个网页~

1989年CERN研究所（瑞士·日内瓦）的Tim Berners-Lee博士等首次提出WWW服务，并于1990年开发出了世界上首个浏览器WWW（之后成了服务名称）。此时的浏览器还是黑白显示，而且能显示的Web网页是只有文字的非常简单的东西。非常遗憾的是，当时的Web网页的源代码没有留存下来，所以现在无法一睹世界上首个网页的真容。但是，世界第一台WWW服务器在结束其使命后被妥善保管了起来，听说有时也会借给博物馆作展览品。

1992年9月，日本筑波市的高能加速器研究所（KEK）对外公开了第一个Web网页。当时使用的WWW服务器于2000年4月退役，现在在筑波市信息网络中心展出。

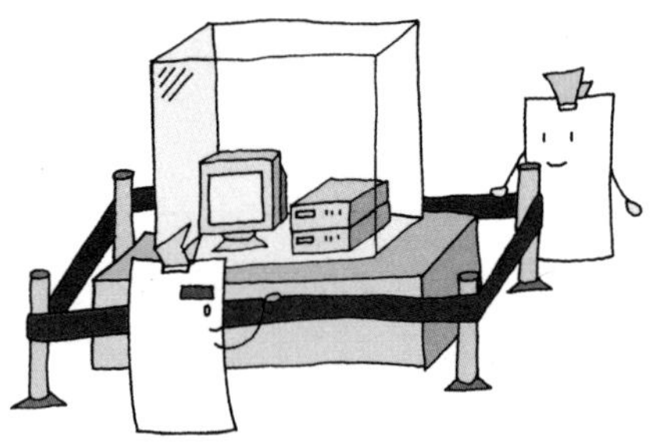

日本第一个Web网页

KEK Information

Welcome to the KEK WWW server. This server is still in the process of being set up.
If you have question on this KEK Information page, send e-mail to morita@kek.jp.

Help
: On this program, or the World-Wide Web .

H E P
: World Wide Web service provided by other High-Energy Physics institutes.

KIWI
: KEK Integrated Workstation environment Initiative.

Root
: WS Manager Support (Root) [EUC].

See also:
: Types of server , and OTHER SUBJECTS

注：这是现存的基于html源代码恢复的内容。

3

应用层

这里是关键
key
图解
TCP/IP

频繁细致的信息交流

从本章开始，要慢慢地接触TCP/IP的层结构了。本章将要介绍TCP/IP的5层中最接近用户的应用层的相关内容。

如果用一句话来概括应用层的作用，那就是“实现通信服务”。为此，应用层中规定了通信服务中服务器与客户端的交流规则：应用协议。本章在介绍应用层功能的同时，将重点放在HTTP（P.56）、SMTP、POP（P.68）这3个应用协议上，详细介绍报文传递的细节。

还记得上一章中“电子邮件”介绍过的POP协议吗？这是一个实现从位于邮件服务器中的自己的邮箱中接收电子邮件的协议。对于使用电子邮件程序的用户来说，这个过程看起来就是“向邮件服务器索要电子邮件，然后接收”那么简单。但实际上，计算机之间的操作没有那么简单。在后台，需要执行用户确认、邮件数量调查等各种各样的信息交换之后，才能转发电子邮件。每当想到在按下电子邮件程序中的“发送/接收”键之后到电子邮件被送达的一瞬间，计算机之间进行了各种各样的信息交换，就感到太有意思了。

让我们通过本章来实际感受下，平时隐藏在应用程序背后的、实现客户端与服务器之间频繁而细致交流的通信服务吧。

协议+方便的标准

支持通信服务实现的，不仅仅有协议。本章将介绍通过通信协议组合使用后，让服务变得更方便、更好用的标准。

例如，电子邮件的协议SMTP与POP中存在以下原则。

① 电子邮件中能够处理的只有文本数据。

② 电子邮件的主题（Subject）中能使用的只有半角英文和数字。

但现实中是怎样的呢？我们平时发邮件时，能将照片、图像及声音文件等二进制数据添加到电子邮件的附件中，主题中也可以输入文字。而让这一切变为可能的是叫作MIME（Multipurpose Internet Mail Extensions）的标准。MIME将正常情况下SMTP及POP无法处理的信息格式转换为可处理的格式。MIME发展至今，电子邮件的附件功能作为一个极为便利的功能被广泛使用，大幅拓展了电子邮件的使用途径。虽然这些稍微偏离了协议的主题，但请作为相关知识了解一下。

前两章是热身运动。TCP/IP的世界从这里正式开启。

MIME

应用层的职责

本节将介绍位于TCP/IP最上层的应用层的主要职责。

应用层的定位

在TCP/IP的5层结构中，位于最上部的是应用层。其作用就是将计算机之间的信息交流转换为用户可以使用的“通信服务”的状态。

转换为用户可以理解的状态
为了实现电脑之间的通信而发挥作用
应用层
传输层
网络层
数据链路层
物理层

通信服务的实现

应用层的职责是实现通信服务。所以这一层中存在的关系不是“发件人与收件人”，而是“客户端与服务器”。

客户		服务器
应用层	⇄	应用层
传输层		传输层
网络层		网络层

应用程序

应用层中，规定有通信服务中服务器与客户之间交流规则的协议。这个协议叫作应用协议。

客户
服务器

应用协议是在考虑“什么样的交流方式才能让服务更有效率”的基础上制定的。因此，才会存在电子邮件及WWW等多种应用协议，以支持相应数量的服务。

要交流什么样的信息
采用哪种响应方法呢
要速度，还是要可靠性
我想实现这样的服务
主要的应用层协议，请参考上一章

应用层包头

服务器与客户交流时所需的信息，都会写入应用层包头中。

应用层包头

应用层中附加的包头叫作应用层包头。这里写入了实现服务最重要的“请求与响应”的相关信息（有些协议不使用包头）。

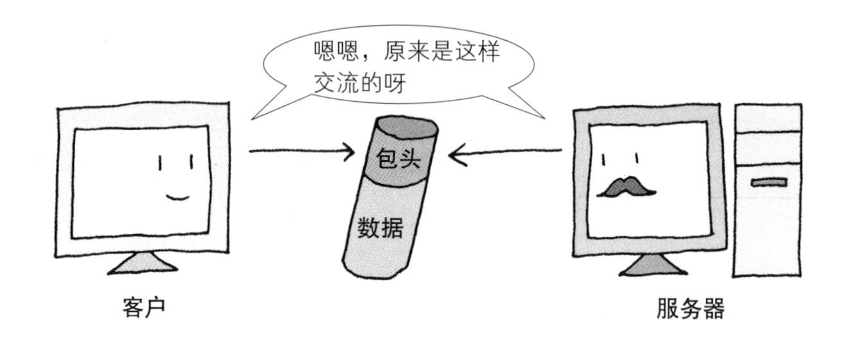
嗯嗯，原来是这样交流的呀
包头
数据
客户
服务器

向下一层传递数据包之前，系统会首先将数据与包头整合为一个整体。因此，只有在这一层，数据才是可以被用户理解的状态。

应用层
接着
传输层
经过打包之后，数据变为无法解读状态
好嘞，收到

文本基础与二进制基础

在应用层包头中写入什么，如何写入，根据协议不同而不同。此外，写入的语言也有两种：人可以读懂的语言（文本方式）和计算机易于处理的语言（二进制方式）。

文本方式

Received:from xxxxxxxxx
Message-ID: xxxxxxxx
From: xxxxxxxxxxxxxx
To: xxxxxxxxxxxxx
Subject: xxxxxxxxxxxxxxxx
Date: 2018 06 30 13：00：00 ····

※文本方式的包头一般只采用英文及数字书写

如果采用文本方式书写，那么用户也能获得信息

二进制方式

★□○◎×★★△□□···
×◎◎□△△××···
☆☆□●●◎▲×□○·····

虽然用户无法看懂，但计算机的处理会更快

只发送包头数据

当客户向服务器提出请求时，不需要交流具体的数据，只是以取得联系为目的情况时，发送数据包的数据部分为空白。

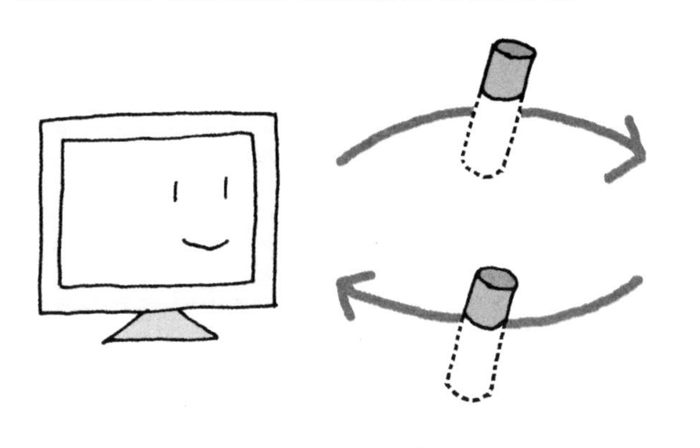

HTTP协议

本节将介绍支持WWW服务的协议：HTTP。

交流的步骤

HTTP协议是请求与响应一对一执行的非常简单的协议。根据实际构成网页的文件数量，重复上述过程。

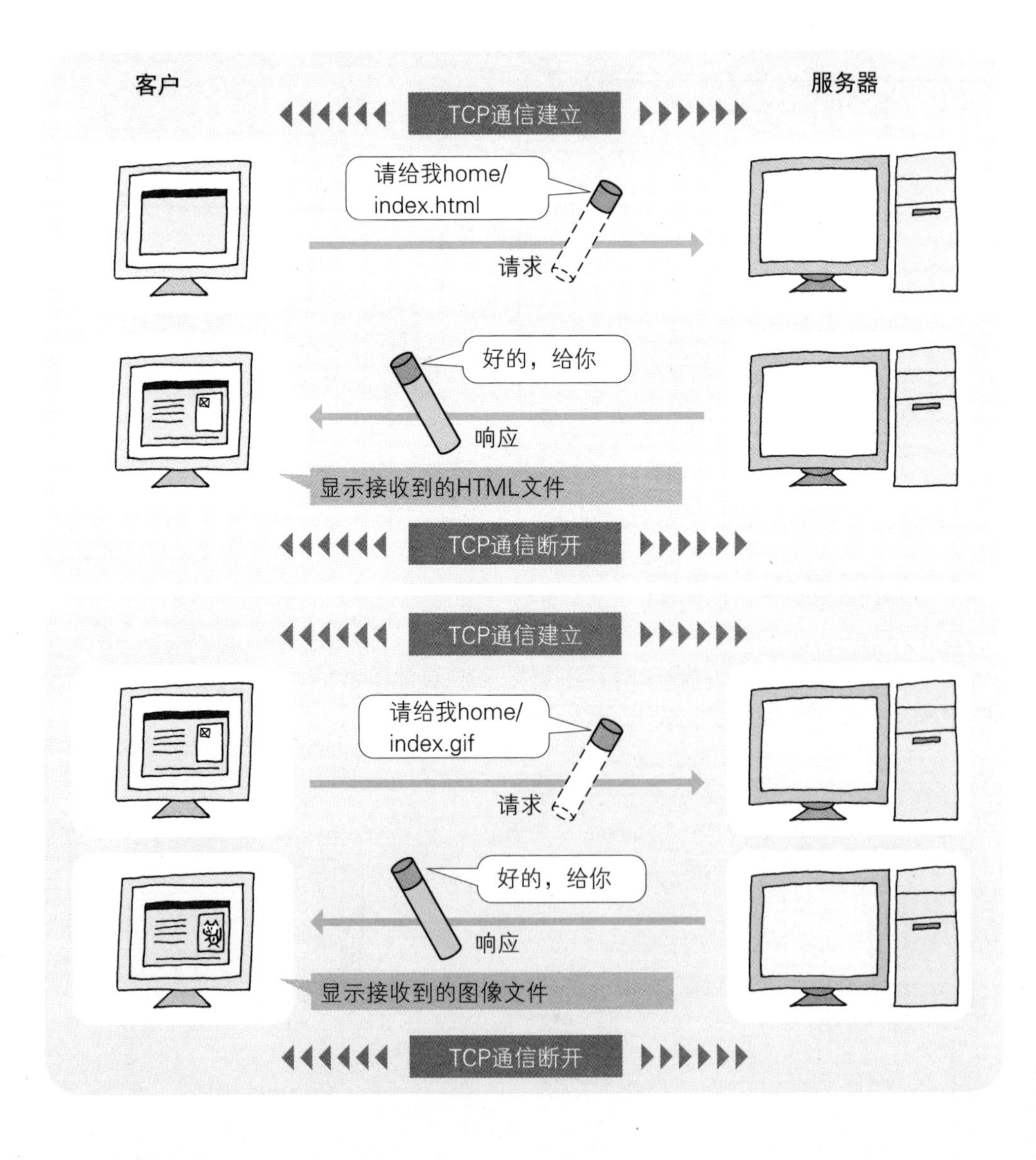

客户
服务器
TCP通信建立
请给我home/index.html
请求
好的，给你
响应
显示接收到的HTML文件
TCP通信断开
TCP通信建立
请给我home/index.gif
请求
好的，给你
响应
显示接收到的图像文件
TCP通信断开

请求数据包与响应数据包

HTTP协议使用“请求”与“响应”两种数据包，以文本形式进行交流。

≫ 请求数据包

客户发送给服务器的数据包。

```
GET / HTTP/1.1
Host: www.ank.co.jp
Connection: keep-alive
Upgrade-Insecure-Requests: 1
User-Agent: Mozilla/5.0 (Windows NT 6.3; Win64; x64)
AppleWebKit/537.36 (KHTML, like Gecko)
Chrome/66.0.3359.181 Safari/537.36
Accept: text/html,application/xhtml+xml,application/
xml;q=0.9,image/webp,image/apng,*/*;q=0.8
Accept-Encoding: gzip, deflate
Accept-Language: ja,en-US;q=0.9,en;q=0.8
        ⋮
（空行）
...........
...............
```


包头
方法：请求的类型。除了GET之外，还有PUT等
请求包头：发给服务器的客户信息（对应的文件种类及字符编码、语言等）。请求头与含义之间以冒号（：）隔开
空行：显示包头与请求数据的分界线
请求数据：发起请求时所需要的数据。方法字段如果为GET时，此处空白

≫ 响应数据包

服务器发给客户的数据包。

```
HTTP/1.1 200 OK
Content-Type: text/html
Last-Modified: Tue, 15 May 2018 08:09:05 GMT
Accept-Ranges: bytes
ETag: "5cec2efe23ecd31:0"
Server: Microsoft-IIS/8.5
X-Powered-By: ASP.NET
Date: Tue, 29 May 2018 10:01:03 GMT
Content-Length: 18005
        ⋮
（空行）
<!DOCTYPE html>
...........
...............
```


包头
响应行：针对客户请求的处理结果。能够正常处理时，显示状态码200
响应包头：传递给客户的数据的相关信息
空行：显示包头与请求数据的分界线
响应体：传递给客户的数据

支撑通信的机制（1）

HTTP协议无法在保持连接状态的同时继续交流。

HTTP 协议是一次完成的

HTTP协议原本只是为了“回复被请求的数据”而制作出来的。因此，一次的请求与响应过程结束后，通信就结束了，与之前发生的通信没有关系。

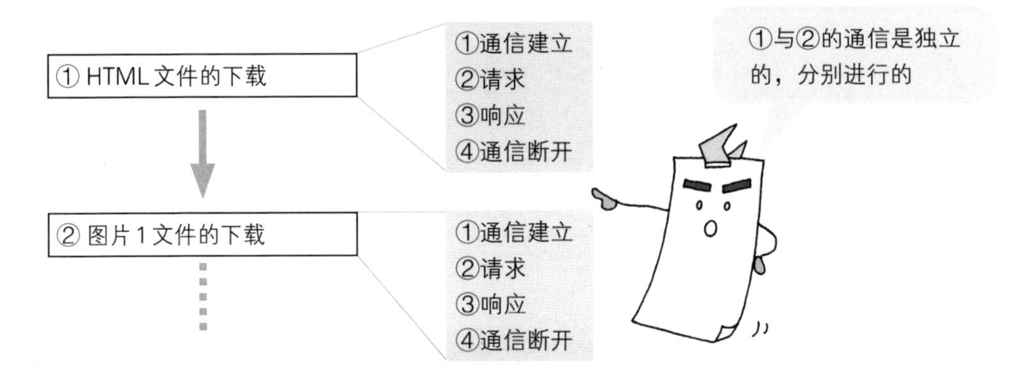

① HTML 文件的下载
①通信建立
②请求
③响应
④通信断开
② 图片 1 文件的下载
①通信建立
②请求
③响应
④通信断开
①与②的通信是独立的，分别进行的

像这样一次完成的协议叫作无状态协议。最近，在网络购物领域，无状态协议无法应付的服务增多了。

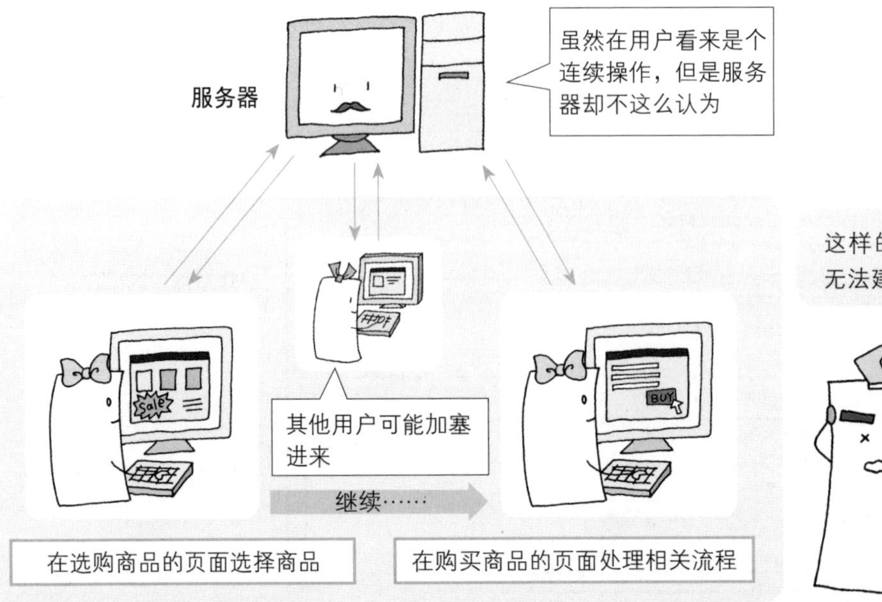

服务器
虽然在用户看来是个连续操作，但是服务器却不这么认为
其他用户可能加塞进来
继续……
在选购商品的页面选择商品
在购买商品的页面处理相关流程

这样的话，流程无法建立

Cookie

如果将HTTP协议的与交流相关的信息保存在客户端，会怎样。在下一次通信时，只要将该信息提供给服务器，服务器就能识别用户，认为是在上次通信基础上继续通信。这时被交换的信息叫作Cookie。

客户
服务器
会員NO…
之前从服务器得到的Cookie起到会员证的作用

Cookie不是HTTP协议的正规的机制。Cookie一般按照CGI[1]（Common Gateway Interface）等客户要求，与制作Web网页的标准组合使用。

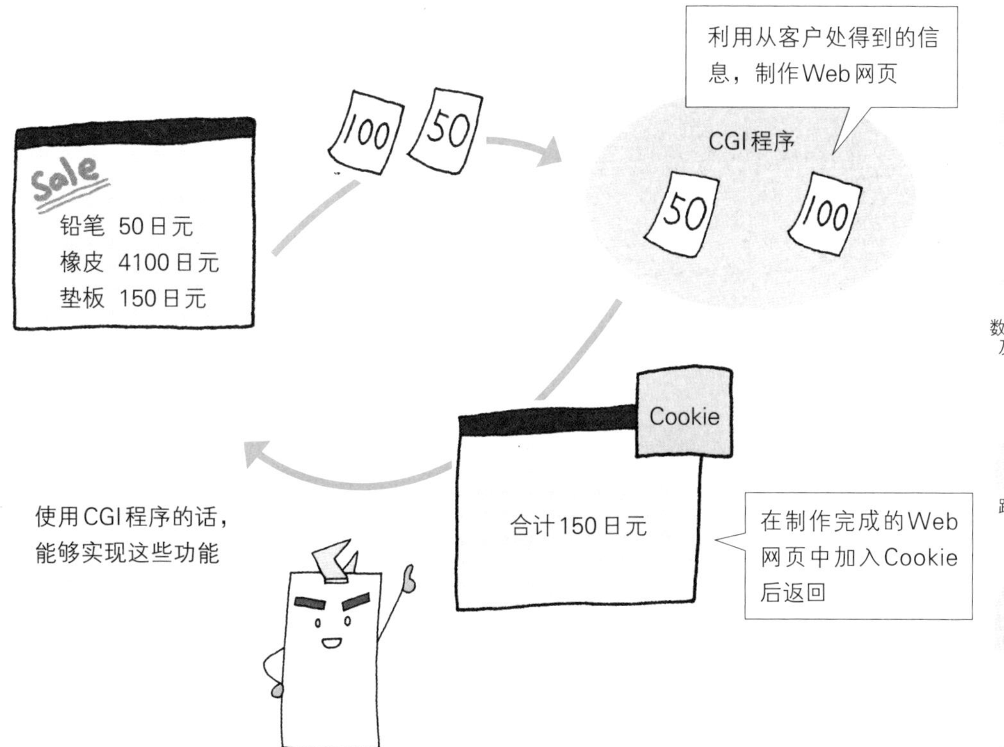

利用从客户处得到的信息，制作Web网页
Sale
铅笔 50日元
橡皮 4100日元
垫板 150日元
100
50
CGI程序
50
100
Cookie
合计150日元
在制作完成的Web网页中加入Cookie后返回
使用CGI程序的话，能够实现这些功能

TCP/IP概要
通信服务与协议
3 应用层
传输层
网络层
数据链路层及物理层
路由选择
安全性

[1] CGI：通用网关接口。为Web服务实现动态页面提供了一种通用的协议。

支撑通信的机制（2）

本节将介绍使用了CGI的Cookie的交流。

使用CGI的话，这里会不同

普通的Web网页的信息交换，与使用了CGI的Web网页的信息交换究竟有什么不同呢。

〈普通的Web网页〉

服务器会准备响应数据包。

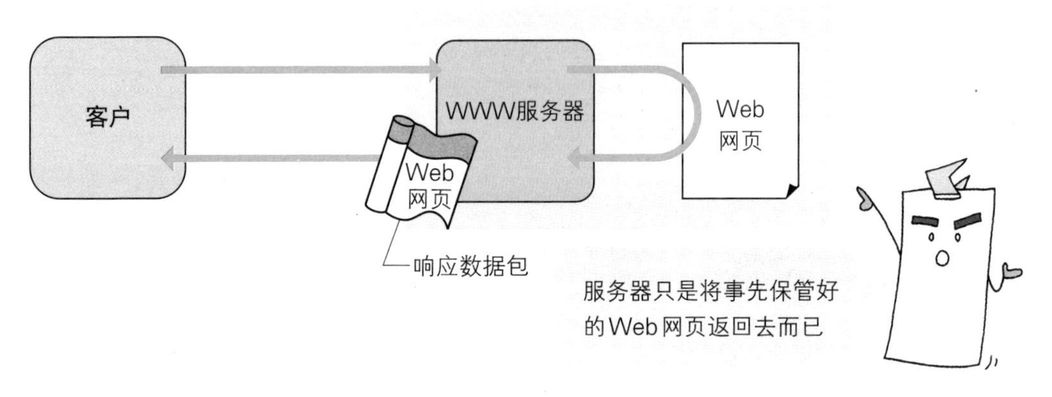

客户
WWW服务器
Web
网页
Web
网页
响应数据包
服务器只是将事先保管好的Web网页返回去而已

〈使用CGI的Web网页〉

接到来自服务器的请求后，CGI程序准备响应数据包。这时如果使用Cookie，会在包头写入Cookie及“让客户保存Cookie的命令”。

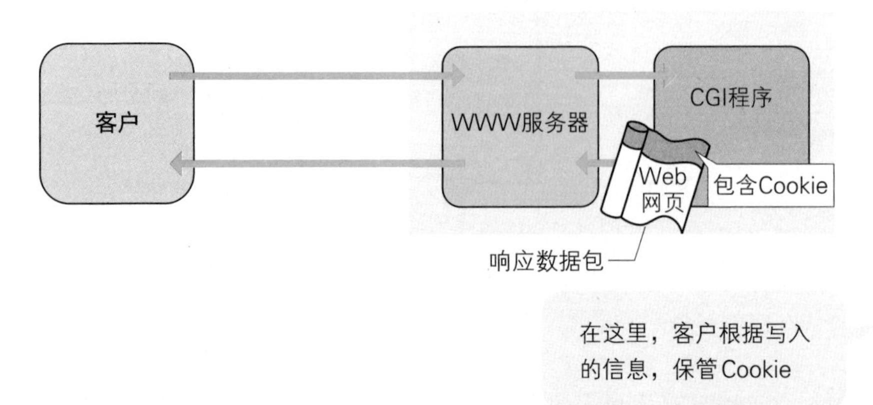

客户
WWW服务器
CGI程序
Web
网页
包含Cookie
响应数据包
在这里，客户根据写入的信息，保管Cookie

Cookie 的交换

让我们来更加具体地看下在客户与服务器之间，Cookie是如何被交换的。

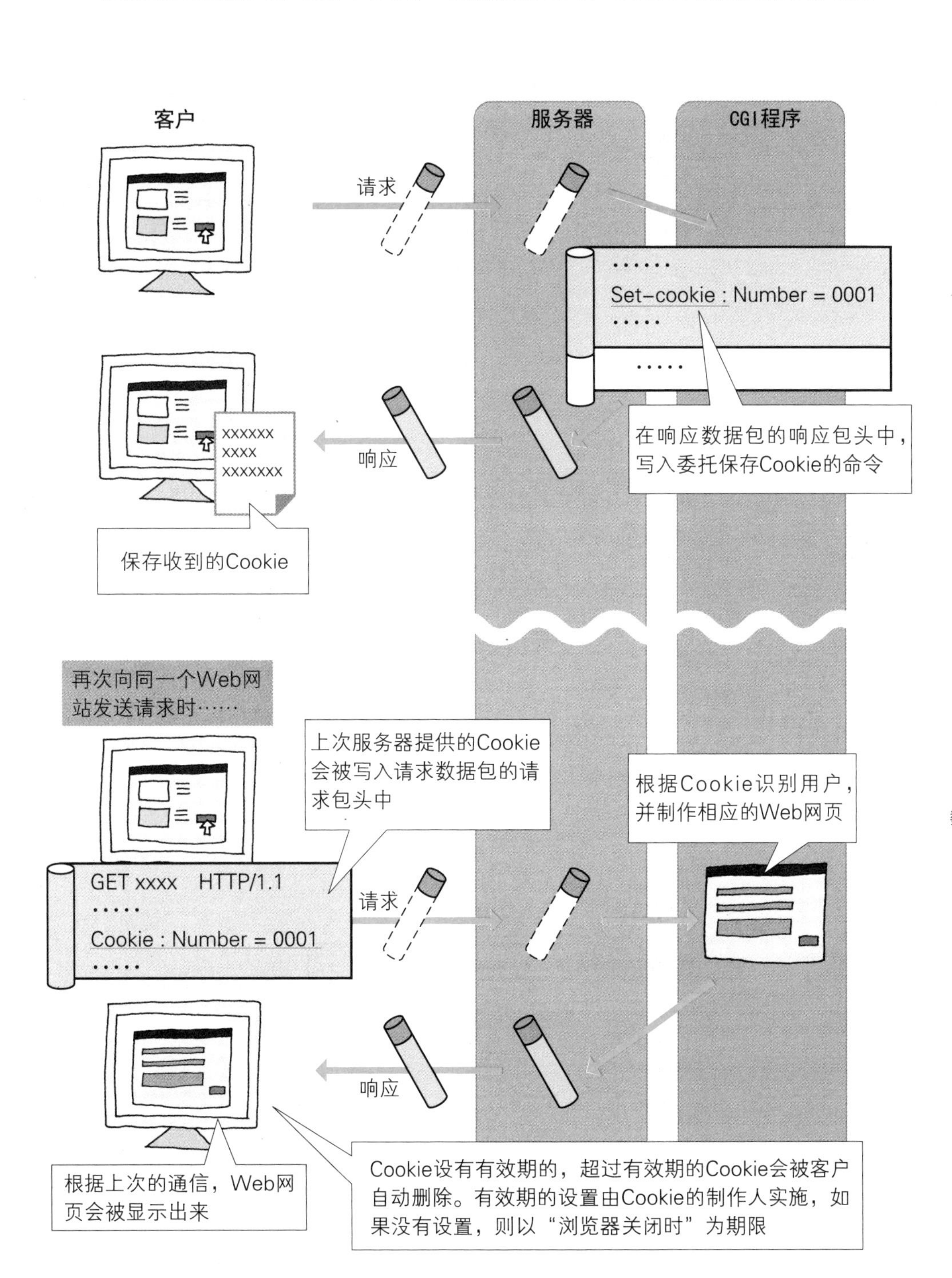

客户
服务器
CGI程序
请求
......
Set-cookie : Number = 0001
......
......
xxxxxx
xxxx
xxxxxxx
响应
在响应数据包的响应包头中，写入委托保存Cookie的命令
保存收到的Cookie
再次向同一个Web网站发送请求时……
上次服务器提供的Cookie会被写入请求数据包的请求包头中
根据Cookie识别用户，并制作相应的Web网页
GET xxxx HTTP/1.1
......
Cookie : Number = 0001
......
请求
响应
根据上次的通信，Web网页会被显示出来
Cookie设有有效期的，超过有效期的Cookie会被客户自动删除。有效期的设置由Cookie的制作人实施，如果没有设置，则以“浏览器关闭时”为期限

SSL/TLS

SSL/TLS的使用，可以提高网络上被交换的数据的安全性。

SSL（Secure Sockets Layer）与TLS（Transport Layer Security）

SSL是在网络上对数据的通信进行加密的协议。在SSL的基础上，进一步实现标准化的协议是TLS。但是因为SSL的名称已经被熟知，所以经常可以看到SSL/TLS的写法。

SSL3.0从其下一个版本开始，名称变为了TLS1.0

≫ 确认方法

可以通过以下方法确认显示在浏览器上的Web网页是否受到SSL/TLS的保护。

在一般的浏览器中，地址栏等位置会显示出锁标志

URL不是以“http”，而是以“https”为开头字母（“s”表示“Secure”）

https://www.ehon-shop.co.jp
Welcome!

HTTPS中，使用与HTTP不同的端口号❶（一般为443）

❶ 端口号：计算机之间依照TCP/IP协议的协议通信，不同的协议都对应不同的端口，由端口号来区别。

SSL/TLS 的机制

让我们来看一下经常被应用于购物网站等的SSL/TLS是如何发挥作用的吧。其整个机制的重点在于通信者之间如何安全地共享同一把钥匙。

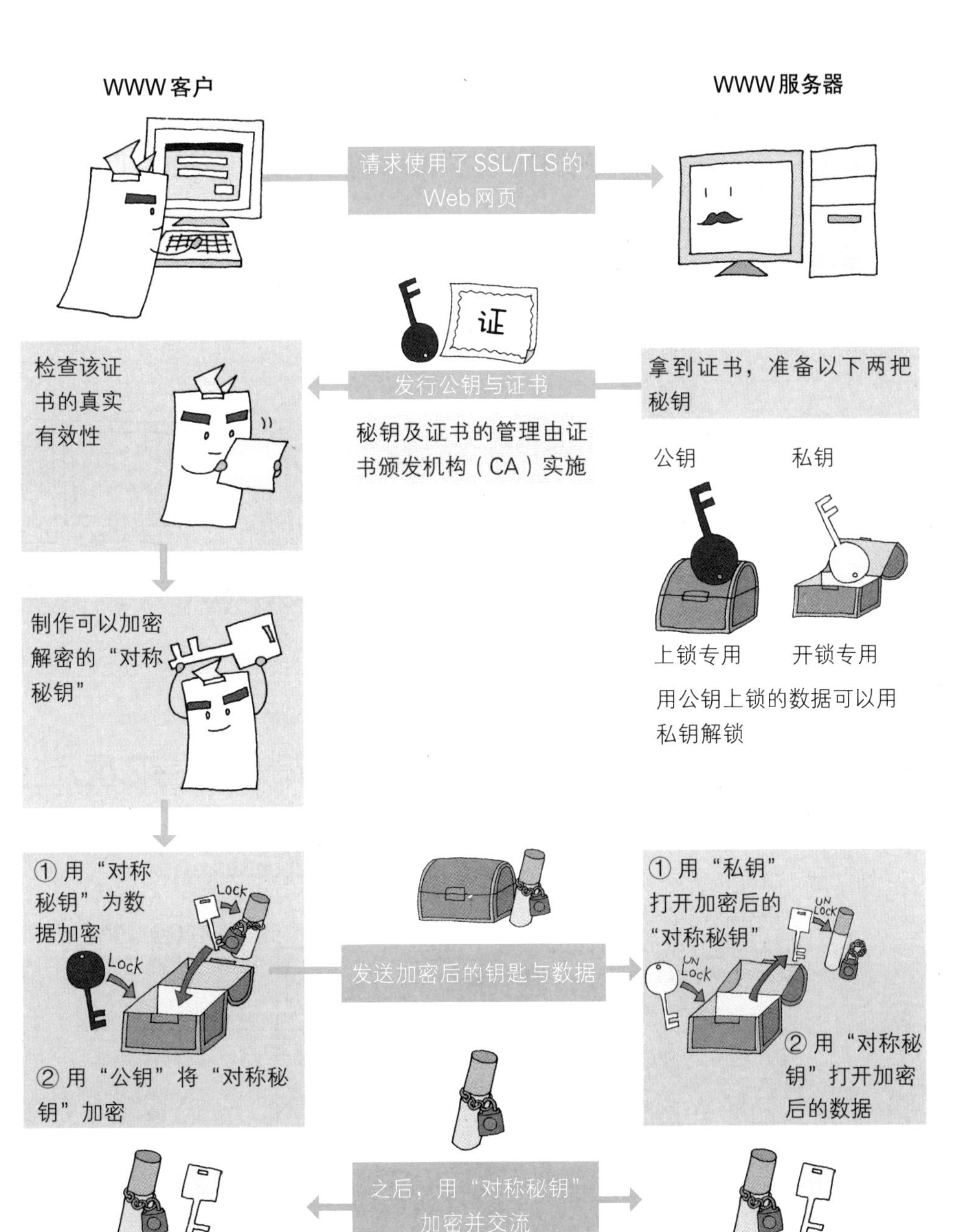

WWW客户
WWW服务器
请求使用了SSL/TLS的Web网页
证
发行公钥与证书
拿到证书，准备以下两把秘钥
检查该证书的真实有效性
秘钥及证书的管理由证书颁发机构（CA）实施
公钥
私钥
上锁专用
开锁专用
用公钥上锁的数据可以用私钥解锁
制作可以加密解密的“对称秘钥”
①用“对称秘钥”为数据加密
Lock
Lock
②用“公钥”将“对称秘钥”加密
发送加密后的钥匙与数据
①用“私钥”打开加密后的“对称秘钥”
UN Lock
UN Lock
②用“对称秘钥”打开加密后的数据
之后，用“对称秘钥”加密并交流

电子邮件的交流

在了解电子邮件服务的机制之前，首先介绍一下被交换的信息。

邮件

使用电子邮件程序制作的邮件，实际上是按照以下文本数据的形式被发送的。

发件人	shiori@ank.co.jp
收件人	shiori-j@shoeisha.co.jp
主题	Good Morning

邮件正文（主体）

早上好

所显示的内容根据电子邮件程序不同而不同

信封：包含寄件人与收件人的邮箱地址等，在SMTP中使用

MAIL FROM:<shiori@ank.co.jp>
RCPT TO:<shiori-j@shoeisha.co.jp>

信息

邮件包头：这里显示传递给服务器的客户信息。项目名称与信息内容用冒号（:）隔开。中转的邮件服务器会根据需要，添加Received等项目

From:shiori@ank.co.jp
To:shiori-J@shoeisha.co.jp
Subject:Good Morning
Date:Mon, 25 Jun 2018 12:00:00 GMT
• • • •

以空行显示包头与信息之间的分界线

空行

邮件正文

早上好

信息结束的标志是"换行+句点（.）"

.

命令与应答

为了发送左页的邮件，客户与服务器之间会进行非常细致的联络。在这个过程中，客户发给服务器的信息叫作“命令”，服务器发给客户的信息叫作“应答”。

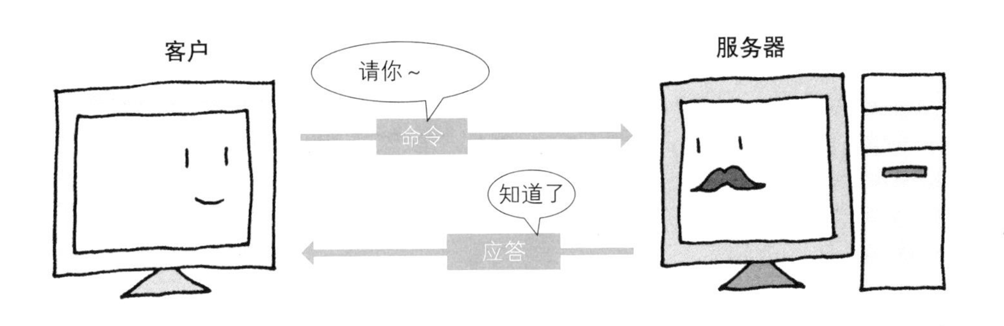

客户
服务器
请你～
命令
知道了
应答

此外，命令与应答不采用“包头＋数据”的方式，而是单独被传递给传输层。

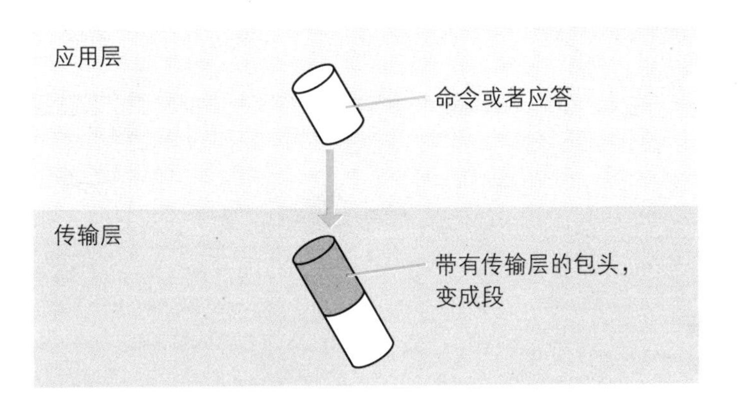

应用层
命令或者应答
传输层
带有传输层的包头，
变成段

从下一页开始，我们将了解到电子邮件服务中主要使用的命令、SMTP及POP的具体的交流情况。

≫ 其他协议

● APOP（Authenticated Post Office Protocol）

POP用户认证时，将密码加密的协议。

● IMAP4（Internet Message Access Protocol）

兼具SMTP与POP功能的协议。其特点是在服务器上管理邮件，优点是“在任何地方都能收取邮件”“即使邮件容量比较大，也不会给客户造成负担”。

SMTP 协议

本节中将介绍负责把邮件转发到邮件服务器的SMTP协议。

SMTP 协议的各个步骤

在SMTP协议中，命令以“4个字母”的形式显示，应答以“3位数数字”的形式显示。

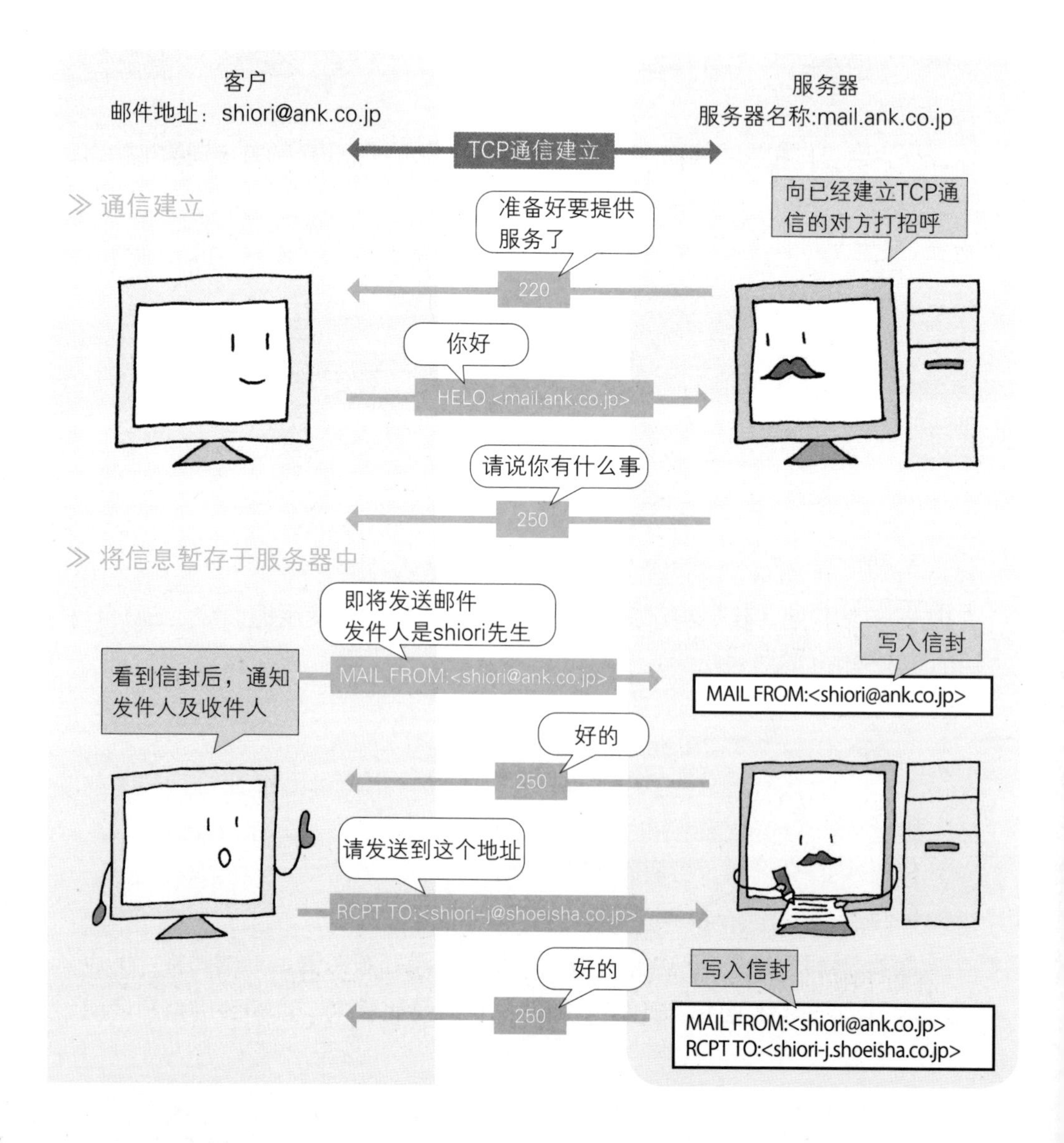

客户
邮件地址：shiori@ank.co.jp
服务器
服务器名称:mail.ank.co.jp
TCP通信建立
≫ 通信建立
准备好要提供服务了
向已经建立TCP通信的对方打招呼
220
你好
HELO <mail.ank.co.jp>
请说你有什么事
250
≫ 将信息暂存于服务器中
即将发送邮件
发件人是shiori先生
写入信封
看到信封后，通知发件人及收件人
MAIL FROM:<shiori@ank.co.jp>
MAIL FROM:<shiori@ank.co.jp>
好的
250
请发送到这个地址
RCPT TO:<shiori-j@shoeisha.co.jp>
好的
写入信封
250
MAIL FROM:<shiori@ank.co.jp>
RCPT TO:<shiori-j.shoeisha.co.jp>

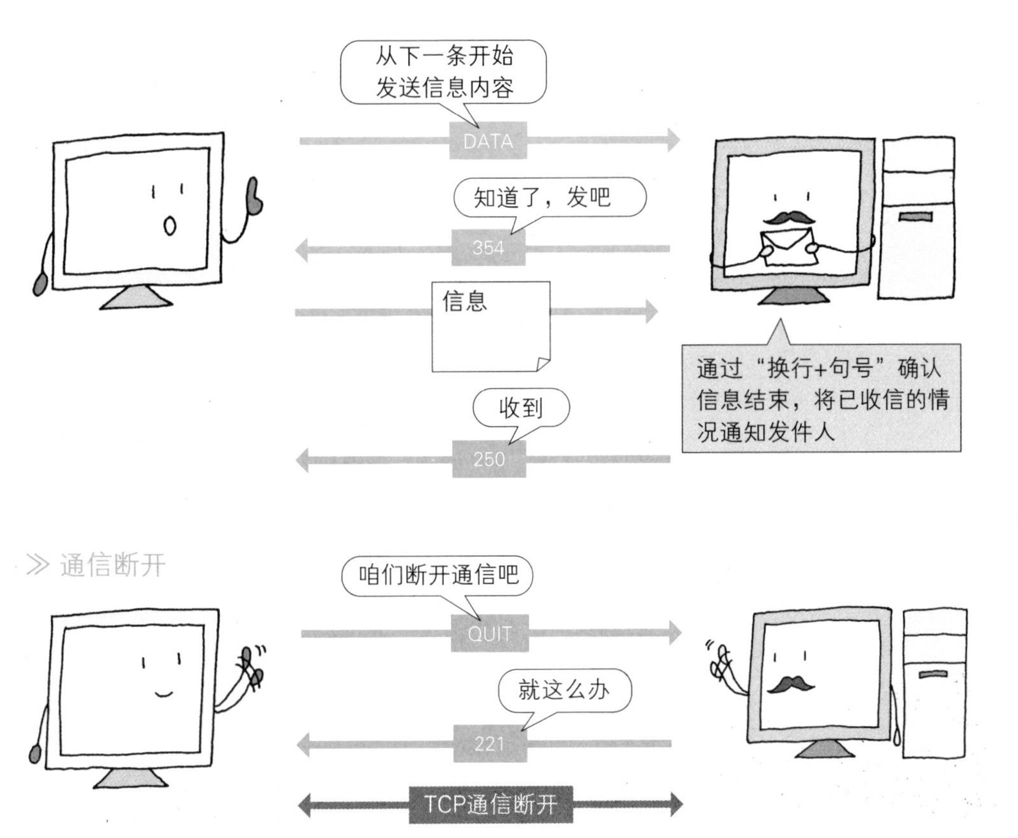
从下一条开始
发送信息内容
DATA
知道了，发吧
354
信息
通过"换行+句号"确认信息结束，将已收信的情况通知发件人
收到
250
» 通信断开
咱们断开通信吧
QUIT
就这么办
221
TCP通信断开

在服务器之间转发邮件时，邮件发送方是客户，邮件接收方是服务器。

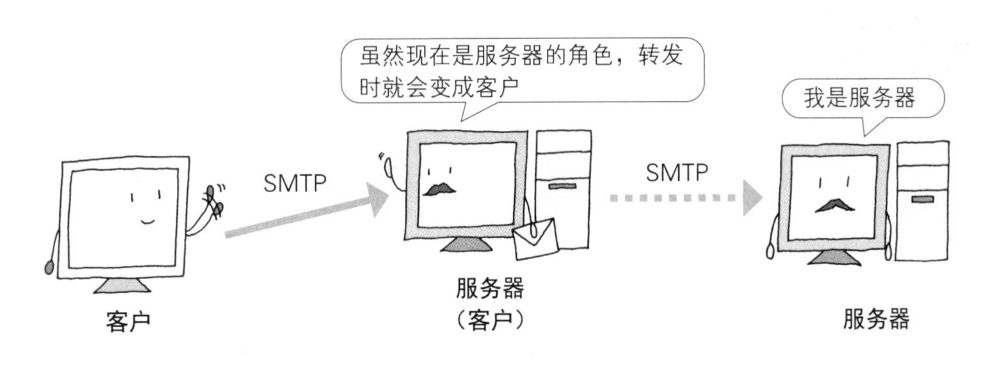
虽然现在是服务器的角色，转发时就会变成客户
我是服务器
SMTP
SMTP
客户
服务器
（客户）
服务器

» MTA/MUA

在电子邮件服务中，相当于邮件服务器的程序叫作MTA（Mail Transfer Agent），相当于邮件客户的程序叫作MUA（Mail User Agent）。

TCP/IP概要
通信服务与协议
3 应用层
传输层
网络层
数据链路层及物理层
路由选择
安全性

POP协议

从邮件服务器上接收发给自己的电子邮件时，使用的是POP协议。现在的主流应用是POP3（version 3）。

POP3 协议的步骤

在POP3协议中，原则上命令以“4个字母”，应答以“+OK”或者“-ERR”的形式显示。

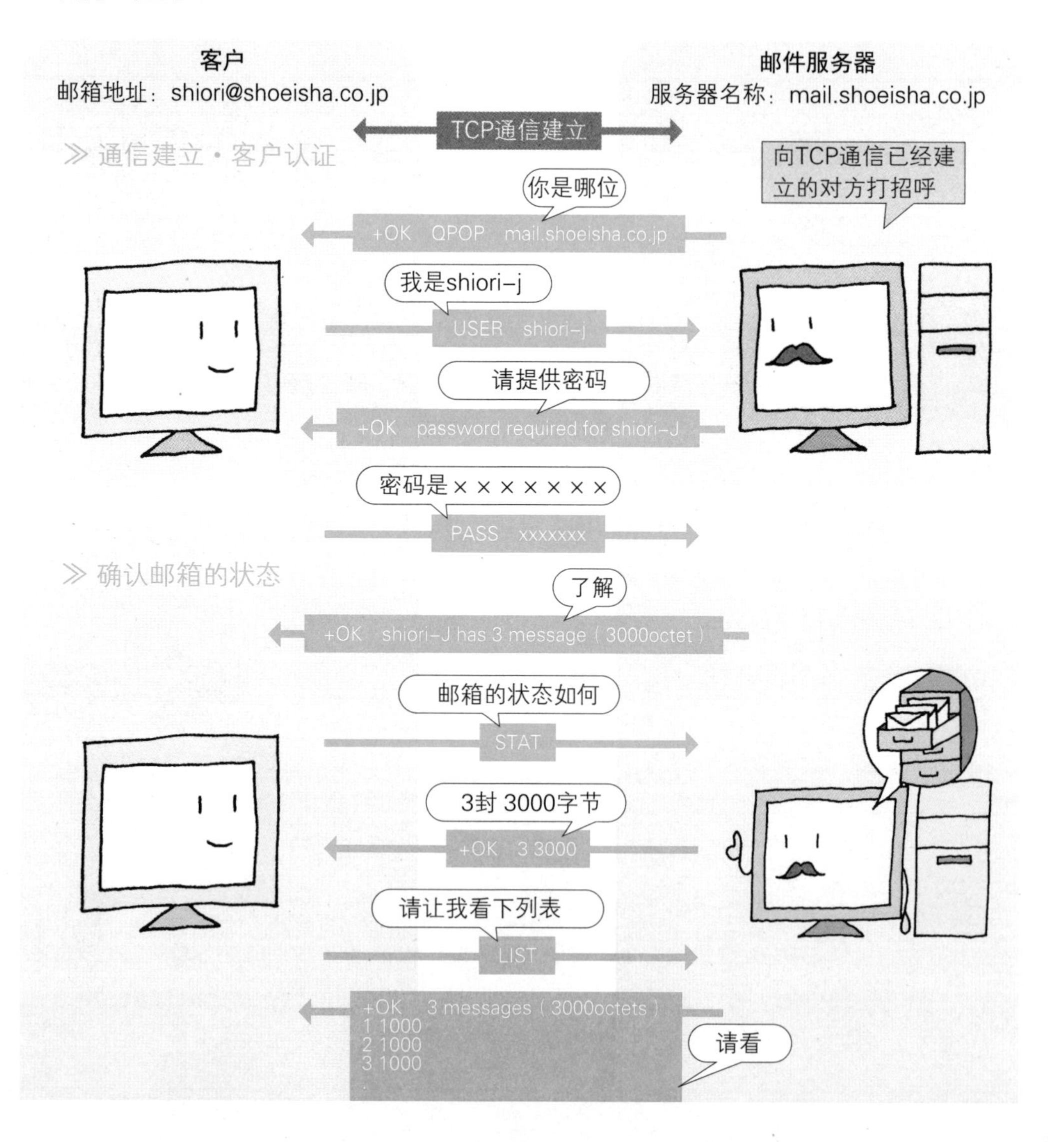

客户
邮箱地址：shiori@shoeisha.co.jp
邮件服务器
服务器名称：mail.shoeisha.co.jp
TCP通信建立
≫ 通信建立・客户认证
向TCP通信已经建立的对方打招呼
你是哪位
+OK QPOP mail.shoeisha.co.jp
我是shiori-j
USER shiori-j
请提供密码
+OK password required for shiori-J
密码是××××××××
PASS xxxxxxx
≫ 确认邮箱的状态
了解
+OK shiori-J has 3 message（3000octet）
邮箱的状态如何
STAT
3封 3000字节
+OK 3 3000
请让我看下列表
LIST
+OK 3 messages（3000octets）
1 1000
2 1000
3 1000
.
请看

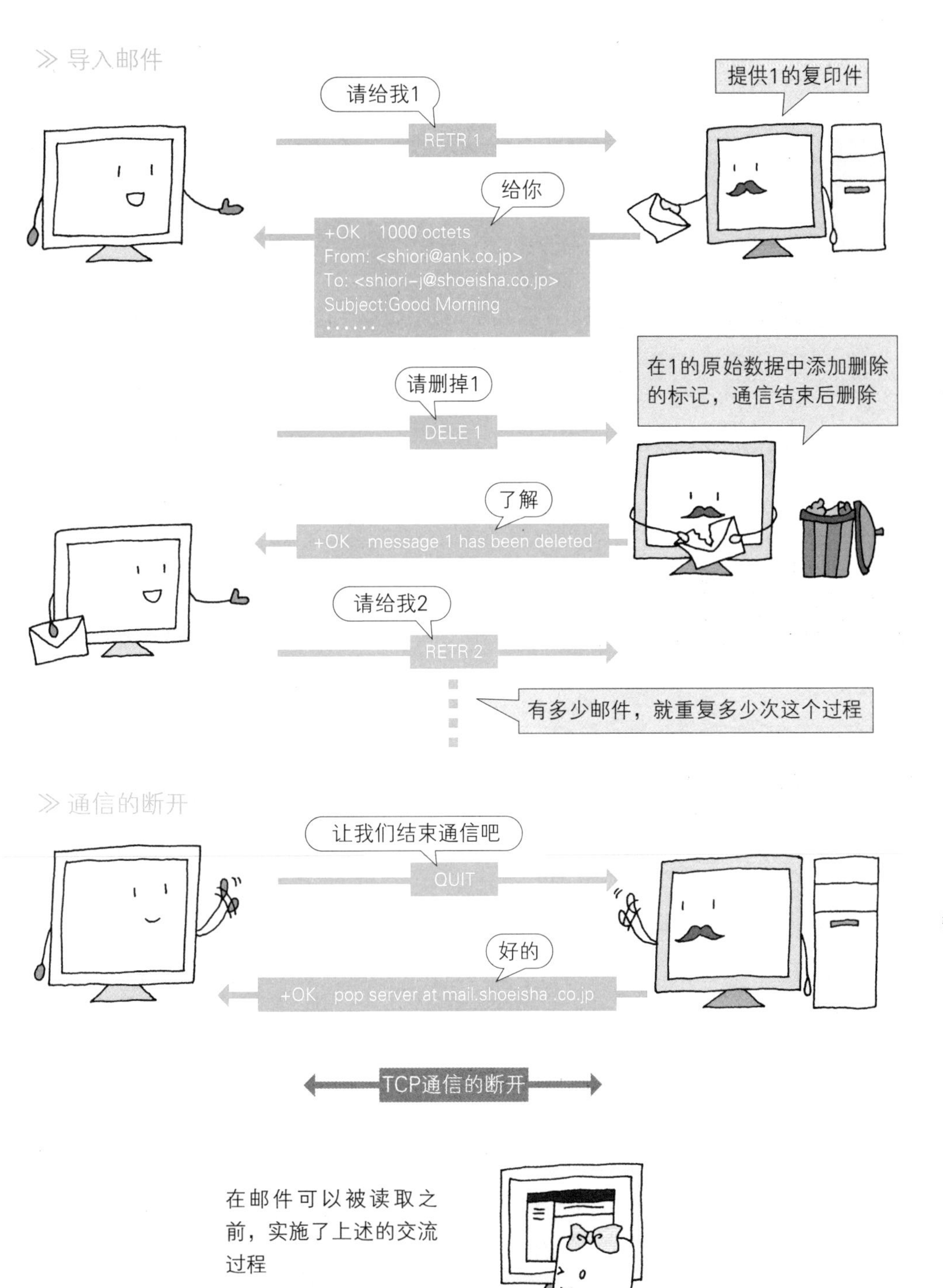

≫ 导入邮件
请给我1
RETR 1
提供1的复印件
给你
+OK 1000 octets
From: <shiori@ank.co.jp>
To: <shiori-j@shoeisha.co.jp>
Subject:Good Morning
……
请删掉1
DELE 1
在1的原始数据中添加删除的标记，通信结束后删除
了解
+OK message 1 has been deleted
请给我2
RETR 2
有多少邮件，就重复多少次这个过程
≫ 通信的断开
让我们结束通信吧
QUIT
好的
+OK pop server at mail.shoeisha .co.jp
TCP通信的断开
在邮件可以被读取之前，实施了上述的交流过程

字符编码

在很多通信服务中，所交换的信息中都包含“文字”。但被交换的并不是文字本身。

字符编码

在计算机中，文字的表达需要使用被称为字符编码的特殊数值。类似电子邮件这样的交流文字的通信服务，实际上交流的并不是文字本身，而是字符编码。

编码与解码

一般情况下，将人类能听懂的语言转换为计算机用语言（字符编码）的过程叫作编码，反过来，将计算机用的语言恢复为人类语言的过程叫作解码。

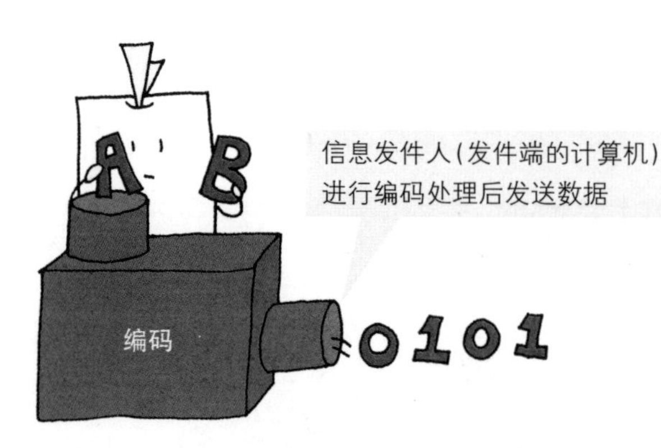
信息发件人(发件端的计算机)
进行编码处理后发送数据
编码
0101

信息收件人（收件端的计算机）对收到的数据进行解码
解码

US-ASC Ⅱ

下表是在很多通信服务中使用的字符编码，叫作US-ASC Ⅱ。使用7位二进制数组合，来表示128种字符（罗马字、阿拉伯数字、符号、控制字符）。

高三位→ 低四位↓	0	1	2	3	4	5	6	7
0	NUL	DLF	SP	0	@	P	`	p
1	SOH	DC1	!	1	A	Q	a	q
2	STX	DC2	“	2	B	R	b	r
3	ETX	DC3	#	3	C	S	c	s
4	EOT	DC4	$	4	D	T	d	t
5	ENQ	NAK	%	5	E	U	e	u
6	ACK	SYN	&	6	F	V	f	v
7	BEL	ETB	’	7	G	W	g	w
8	BS	CAN	(	8	H	X	h	x
9	HT	EM	)	9	I	Y	i	y
a	LF/NL	SUB	*	:	J	Z	j	z
b	VT	ESC	+	;	K	[	k	{
c	FF	FS	,	<	L	\	l	¦
d	CR	GS	–	=	M	]	m	}
e	SO	RS	.	>	N	^	n	~
f	SI	US	/	?	O	_	o	DEL

控制字符

有换行及制表等特殊功能的字符

实际上1个文字以7+1（扩展部分）二进制数来表示

通信服务中使用的中文字符编码有GB 2312、GBK及UTF-8。GB2312和GBK编码都是由两个字节构成一个汉字，而UTF-8编码中一个汉字要占用三个字节。

GBK字符集共收录21003个汉字，包含国家标准GB13000-1中的全部中日韩汉字，和BIG5编码中的所有汉字

MIME

我们之所以能够在电子邮件的主题（Subject）处使用中文，并且能够添加附件，是因为有MIME的存在。

电子邮件的局限性

平时习以为常使用的电子邮件，实际上存在以下制约条件。

■ 主题（Subject）部分不能使用中文

可以在电子邮件的包头使用的字符代码只有US-ASCⅡ。写入包头的信息之一的“主题（Subject）”也只能使用以US-ASCII表示的文字。

半角英文数字OK
包头
数据
简体字/繁体字，
中文不行

■ 只能发送文本（中文）

电子邮件中只能发送文本。

图像数据及声
音数据不行

但是现在，我们已经不受以上规则约束，可以在主题处使用中文，可以以附件的形式发送文本以外的数据信息。将这些变为可能的规则之一就是MIME。

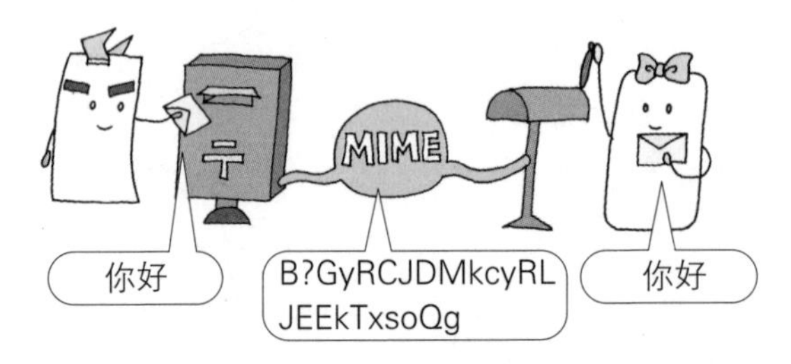
MIME
你好
B?GyRCJDMkcyRL
JEEkTxsoQg
你好

MIME

MIME是一个按照既定的原则将文件编码为US-ASC Ⅱ字符，并将编码方式的信息添加至附件发给收件人，且收件人（收件人端的计算机）可以用正确的方法解码的互联网标准。

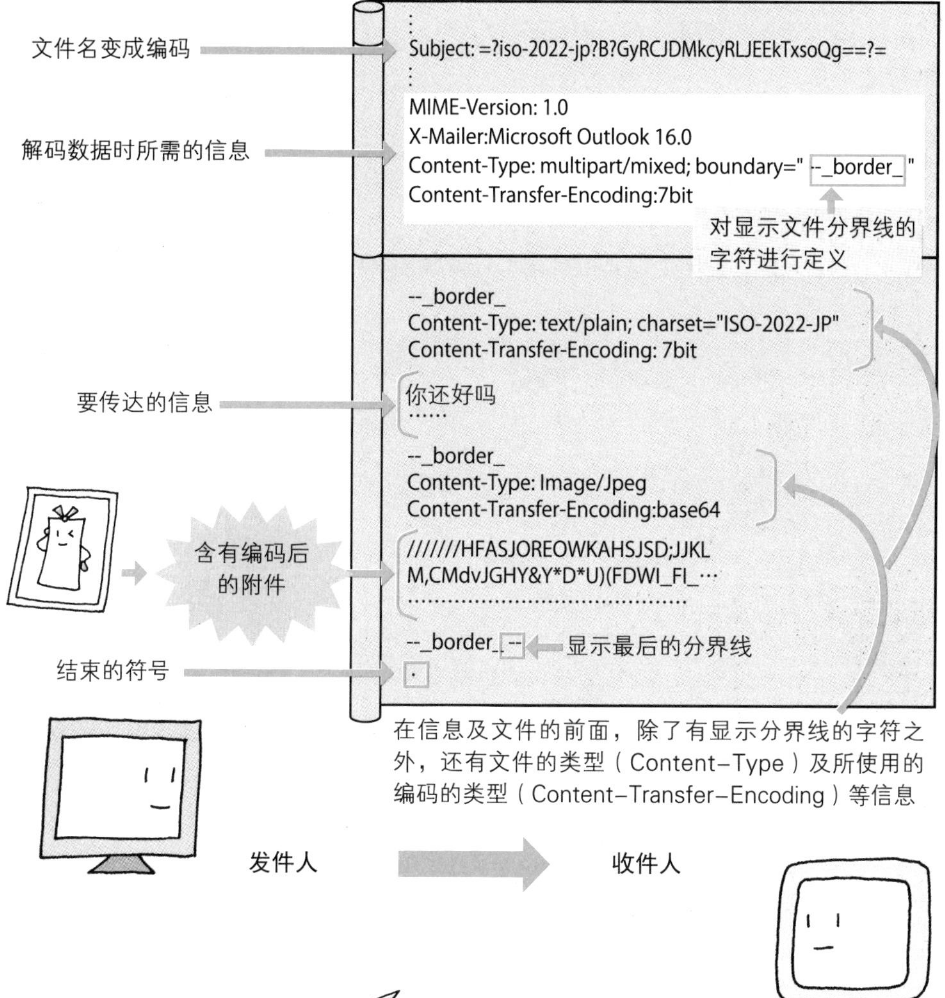

文件名变成编码
Subject: =?iso-2022-jp?B?GyRCJDMkcyRLJEEkTxsoQg==?=
解码数据时所需的信息
MIME-Version: 1.0
X-Mailer:Microsoft Outlook 16.0
Content-Type: multipart/mixed; boundary=" --_border_"
Content-Transfer-Encoding:7bit
对显示文件分界线的字符进行定义
--_border_
Content-Type: text/plain; charset="ISO-2022-JP"
Content-Transfer-Encoding: 7bit
要传达的信息
你还好吗
……
--_border_
Content-Type: Image/Jpeg
Content-Transfer-Encoding:base64
含有编码后的附件
//////HFASJOREOWKAHSJSD;JJKL
M,CMdvJGHY&Y*D*U)(FDWI_FI_…
--_border_--
显示最后的分界线
结束的符号
.
在信息及文件的前面，除了有显示分界线的字符之外，还有文件的类型（Content-Type）及所使用的编码的类型（Content-Transfer-Encoding）等信息
发件人
收件人

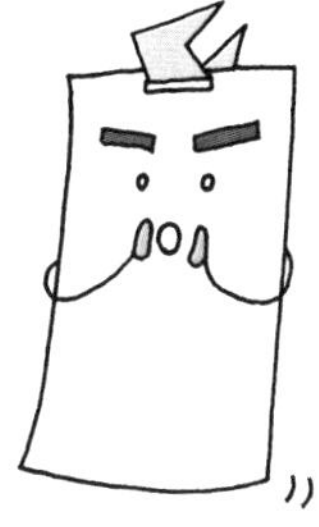

在MIME中BASE64这种形式也用的很多
按照发件人告知的编码方法，对主题及附件进行解码
主题：你好

专 栏

~后台应用协议~

应用层协议分为两大部分。一部分是一般用户也熟知的HTTP、SMTP以及TELNET等提供通信服务的协议，另一部分是除了网络管理员之外很少有人了解的DNS、NAT、DHCP等在后台支持通信的协议。在这里，我们将介绍几种后台的应用协议。

SNMP（Simple Network Management Protocol）

对网络进行整体管理的协议。不仅可以确认连接于网络之上的硬件设备的电源状态以及是否有故障，连打印机内有无调色机都能调查。负责管理的设备叫作SNMP管理器，被管理的设备叫作SNMP代理[1]，这两者都需要分别安装专用的软件。

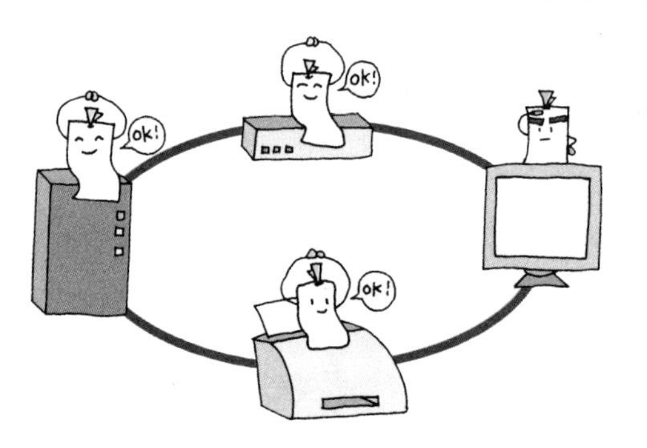
ok!
ok!
ok!

管理器可以自动进行管理

NTP（Network Time Protocol）

对网络上的设备进行时间核对的协议。管理并提供标准时间信息的设备叫作NTP服务器（或者时间服务器），从NTP服务器上获得时间信息，并调整自己与之同步的设备叫作NTP客户。为了从NTP服务器上获得时间信息，需要安装专用的软件。负责时间同步的协议，除了NTP以外，还有将NTP简化了的SNTP（Simple Network Time Protocol）。

如果放任不管，时间会慢慢偏离

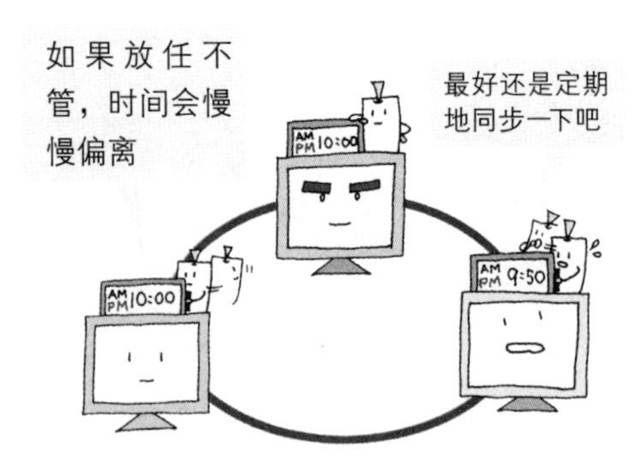
AM PM 10:00
AM PM 10:00
AM PM 9:50

最好还是定期地同步一下吧

---

[1] 代理：一种特殊的网络服务，允许一个网络终端（一般为客户端）通过这个服务与另一个网络终端（一般为服务器）进行非直接的连接。

4

传输层

图解
TCP/IP
这里是关键
key

包裹的收货地址

前面介绍的应用层的功能是“实现服务”，与之相对，接下来要介绍的层的功能是“实现通信”。让我们通过本章，了解一下位于应用层下部的传输层吧。

英语的transport有“搬运/运输”的意思。从这个词汇就可以想象到传输层的职能是“将数据送达”。但这并不意味着“送到对方的电脑就可以了”。其职责范围包括明确“送到对方应用层的哪个协议处”。

正如在上一章中所介绍的那样，应用层协议的数量与服务的数量一致。为了从众多的协议中找出目标协议，就需要利用端口这一结构。端口是指设置在应用层的出入口，各个端口可以分别作为各个协议的入口使用。端口会被分配固定的“端口号”，就是利用这个号码来锁定“传递给哪个协议”的。设置多个端口的原因：一是为了“识别具体协议”；二是为了“可以同时利用多个通信服务”。

79
80
81
80

TCP与UDP

具体来说，为了实现“送达给对方”这一目的，传输层存在两个性质不同的协议。

其中一个协议是TCP（Transmission Control Protocol）。TCP是以“安全可靠地传输”为宗旨的协议，即如果数据在传输过程中发生损坏，或者因为某些原因无法送达时，可以再次发送数据。因此，此协议被应用在对数据的正确性有严格要求的电子邮件服务及WWW服务等中。

另外一个是UDP（User Datagram Protocol）。UDP是以“迅速传输数据”为宗旨的，所以只负责向对方持续地发送数据，而不负责之后的跟踪。听到这个，可能会有人产生疑问：“数据当然是安全可靠地传输最好了，为什么还需要UDP？”UDP主要应用于对数据的实时性要求较高的IP电话及流式传输[1]等。像这样的服务，就算中途发生声音或图像的错乱，也不可能等待数据再次发送。随着宽带的出现，音乐及图像的实时通信及电视会议等盛行起来，而这些服务全部都是在UDP的基础上实现的。

学习了以上铺垫知识后，大家准备好下潜到更深的层吗？从本章开始，我们将逐渐接近TCP/IP通信的核心区域。

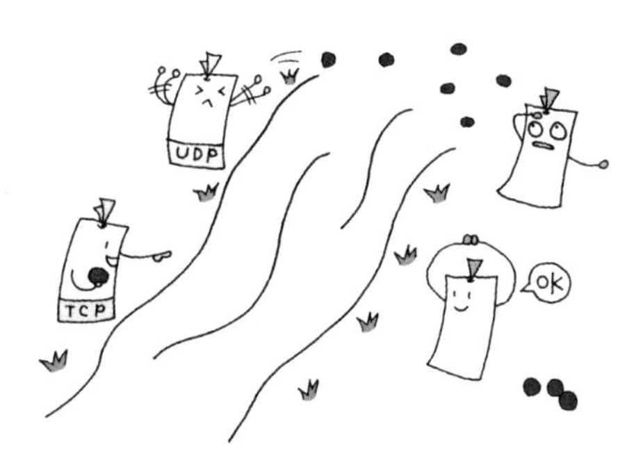
UDP
TCP
OK

❶ 流式传输：一种网络信息传输技术。流式传输技术使得数据包得以像流水一样发达。如果不使用此技术，就必须在使用前下载整个媒体文件。

传输层的职责

本节将介绍传输层的职责及主要的协议。

传输层的定位

传输层是应用层与网络层之间的桥梁。

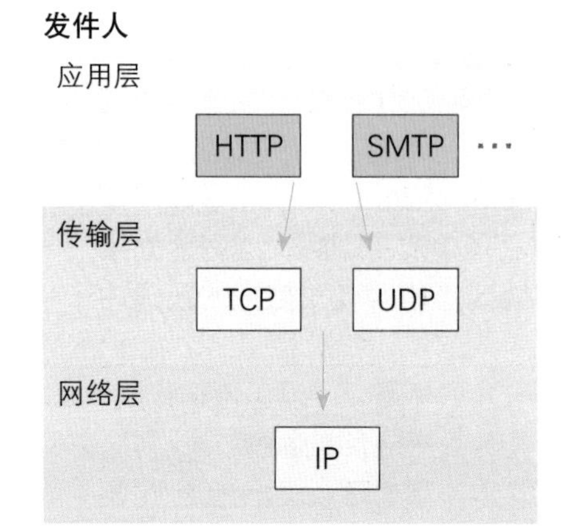
发件人
应用层
HTTP
SMTP
…
传输层
TCP
UDP
网络层
IP

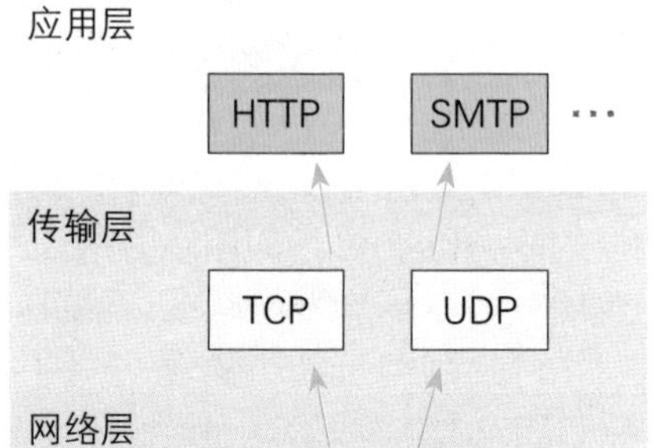
收件人
应用层
HTTP
SMTP
…
传输层
TCP
UDP
网络层
IP

必须要提前决定发给哪个协议哦

送达给对方

数据并不总是能可靠地送达，如果发生了什么问题，就需要相应的处理。此时，按照符合通信服务的方法进行处理就是传输层的职责。

已经发了呀
数据未送达
收到的数据已损坏
没收到

要可靠性，还是要速度

传输层有TCP（Transmission Control Protocol）与UDP（User Datagram Protocol）两个协议。TCP重视可靠性，UDP重视速度。

TCP ~信用第一~
给你
收到
数据无异常
希望准确无误地将数据
传输给对方时使用TCP
【使用TCP的服务】
WWW、电子邮件等

UDP ~以快取胜~

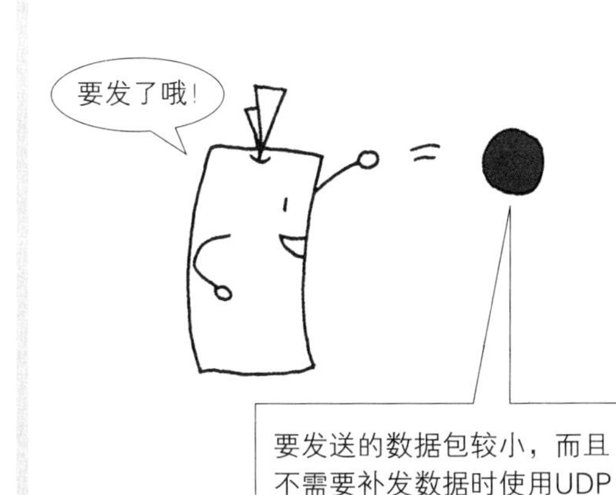
要发了哦!
要发送的数据包较小，而且
不需要补发数据时使用UDP

虽然快……

有失误……

【使用UDP的服务】
IP电话、流式传输等

应用层的入口

为了保证将数据切实送至目标应用层协议处，准备了各个入口。

应用层的出入口

应用层中，在各个应用协议处设有数据的出入口。这些出入口叫作端口，各个端口都被分配了端口号。进行通信时，通过端口号锁定收件人。

应用层
80
79
80
50
?
收件人端通过查看数据包TCP包头中写入的端口号，来判断具体收件的应用协议

端口号

端口号范围是0 ~ 65535。其中0 ~ 1023需要根据通信服务提前预约，叫作通用端口。本书中介绍的主要服务的通用端口如下表所示。

服务	应用层的协议	端口号	传输层的协议
WWW	HTTP	80	TCP/UDP
WWW（带安全锁）	HTTPS	443	TCP/UDP
电子邮件（发送）	SMTP	25	TCP/UDP
电子邮件（接收）	POP3	110	TCP/UDP
电子邮件（带认证功能的发送）	SMTP	587	TCP
文件转发	FTP	20/21	TCP/UDP
远程登录	TELNET	23	TCP/UDP
远程登录（带安全锁）	SSH	22	TCP/UDP
网络新闻	NNTP	119	TCP/UDP
网络管理DNS	DNS	53	TCP/UDP
网络管理DHCP	DHCP	546/547	UDP
网络管理SNMP	SNMP	161/162	UDP

用户可以自行设置端口号。但是，在这种情况下，通信的电脑之间需要对使用哪个端口号形成统一的认识。

80
?
80
邮件

TCP协议

TCP是重视数据通信可靠性的协议。

1对1的通信

TCP为了保证数据传输的可靠性，与收件人之间采用1对1的通信方式。这种通信叫作面向连接通信，主要通过以下三步实现。

① 确认收件人是否处于可接收数据的状态，如果是，则开始通信，这个过程叫作“通信确立”

② 将数据分割为规定的大小，装上TCP包头后按照顺序发送

セグメント
收件人对收到的数据进行检查
传输层所处理数据的单位叫作段

③ 数据传输结束后，结束通信

通过与数据收件人的密切联系，提高数据传输的准确性。

传递给应用层

收件人将接收到的数据恢复原状后传递给应用层。

① 根据TCP包头内的信息，将数据按顺序排列

除了显示数据排列顺序的编号之外，还包含用于确认端口号及数据是否损坏的数值等

② 取下TCP包头，重新组合数据

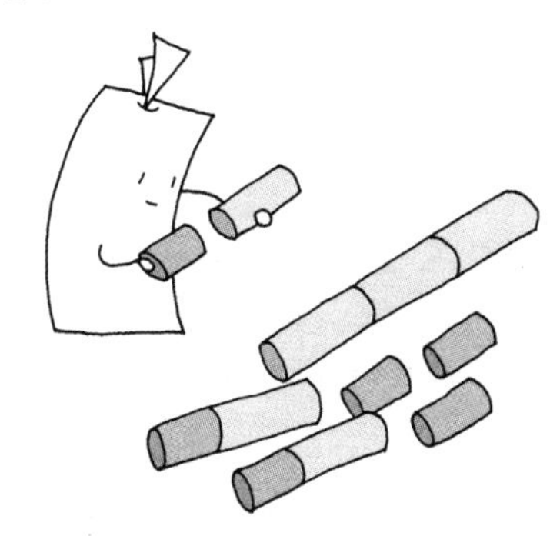

③ 传递给应用层的协议

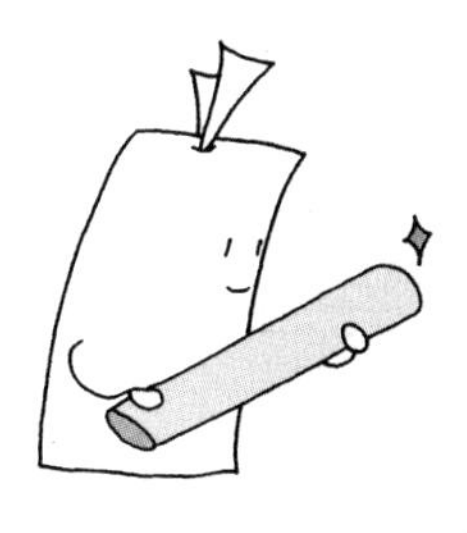

80

具体交给哪个协议，
根据端口号判断

为了保证信息送达（1）

TCP中，为了保证数据传递的可靠性，发件人与收件人之间频繁联络以确认通信情况。

联络方法

向通信对方传递通信情况时所使用的手段是TCP包头中6位二进制数据的控制标记。希望向对方传递的内容设置为“1”（如果不是，则设为0）。

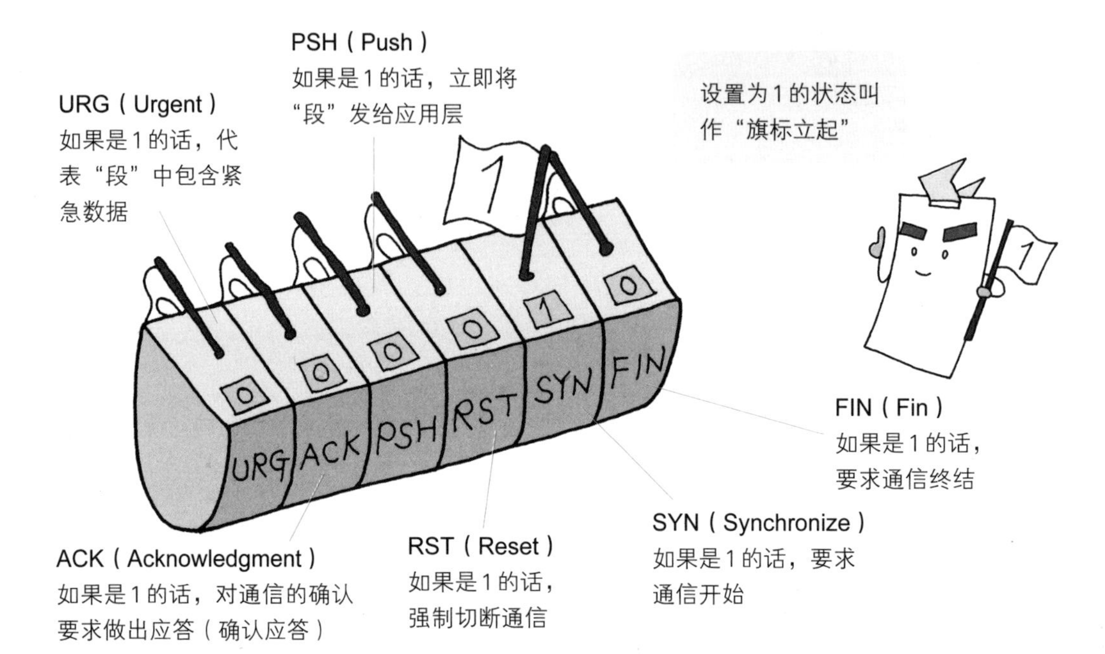

PSH（Push）
如果是1的话，立即将“段”发给应用层
URG（Urgent）
如果是1的话，代表“段”中包含紧急数据
设置为1的状态叫作“旗标立起”
1
0
0
0
0
1
0
URG
ACK
PSH
RST
SYN
FIN
FIN（Fin）
如果是1的话，要求通信终结
SYN（Synchronize）
如果是1的话，要求通信开始
ACK（Acknowledgment）
如果是1的话，对通信的确认要求做出应答（确认应答）
RST（Reset）
如果是1的话，强制切断通信

在通信的世界中，一边与对方确认一边交流的情况叫作“handshake”（握手）。在TCP中，开始通信时会发生以下交流，这叫作“3次握手”。

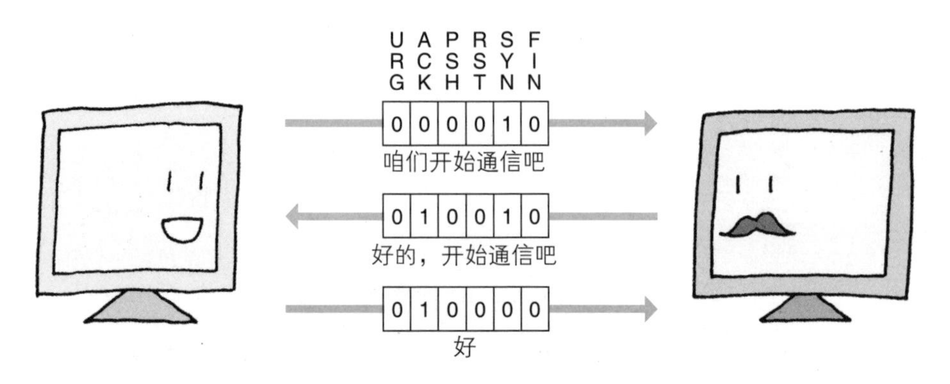

URG ACK PSH RST SYN FIN
0 0 0 0 1 0
咱们开始通信吧
0 1 0 0 1 0
好的，开始通信吧
0 1 0 0 0 0
好

≫ 数据量的确认

在正式开始通信之前，先确认双方要交流的数据量。

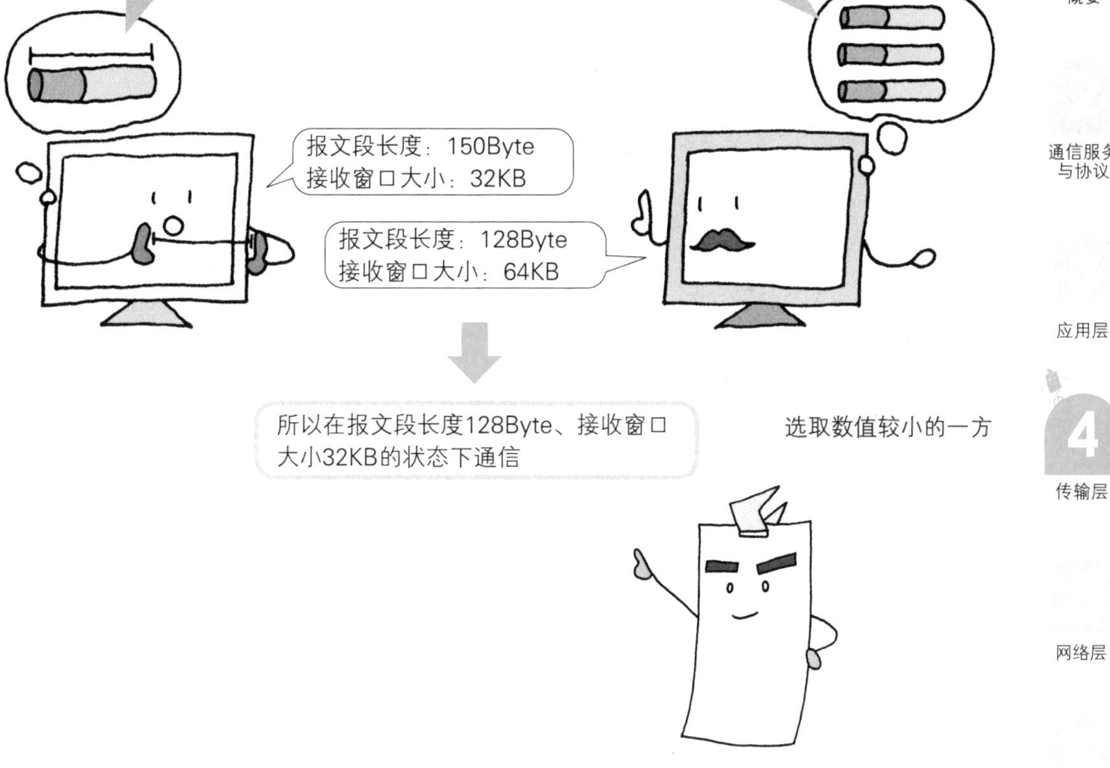

这个大小叫作
“报文段长度”
一次能接收的量叫作
“接收窗口大小”
报文段长度：150Byte
接收窗口大小：32KB
报文段长度：128Byte
接收窗口大小：64KB
所以在报文段长度128Byte、接收窗口大小32KB的状态下通信
选取数值较小的一方

≫ 通信的切断

切断通信时，也是利用TCP包头中的控制标记来联系的。

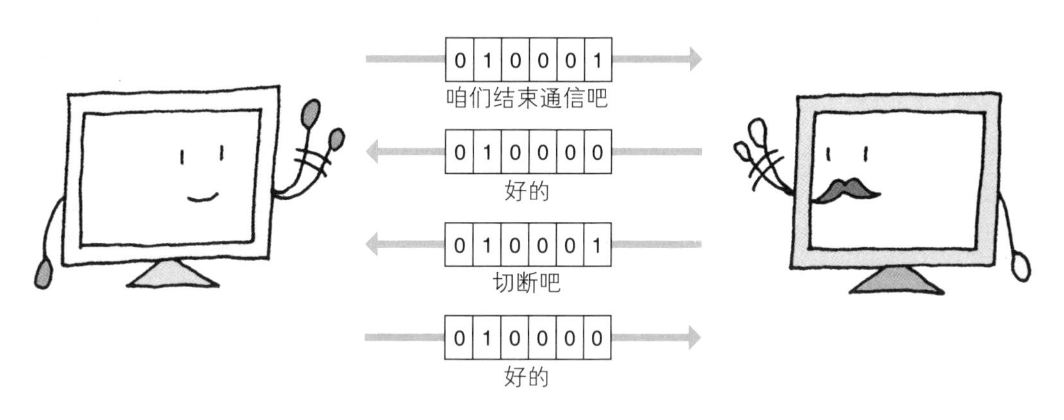

0 1 0 0 0 1
咱们结束通信吧
0 1 0 0 0 0
好的
0 1 0 0 0 1
切断吧
0 1 0 0 0 0
好的

为了保证信息送达（2）

一个一个地确认数据是否安全到达，这也是TCP的特点。

交流的流程

TCP包头中写入了显示数据顺序的编号（序列号）。为了准确接收数据，需要利用此号码开展如下交流。

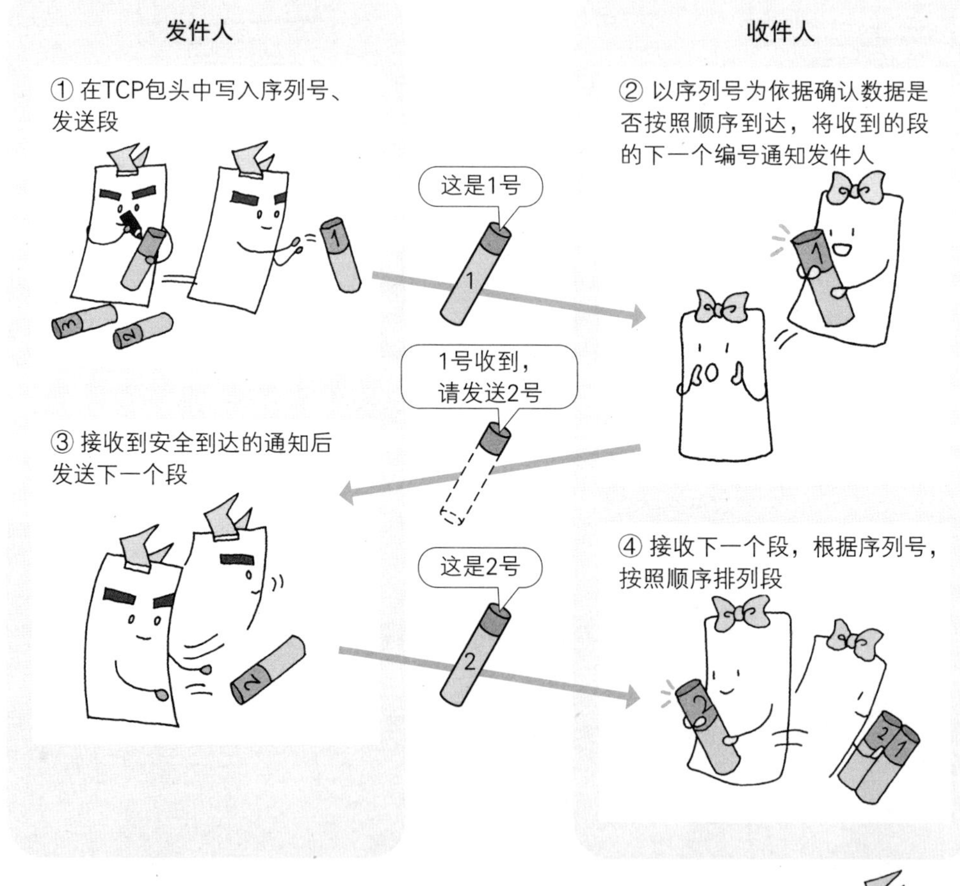

发件人
收件人
① 在TCP包头中写入序列号、发送段
这是1号
② 以序列号为依据确认数据是否按照顺序到达，将收到的段的下一个编号通知发件人
1号收到，请发送2号
③ 接收到安全到达的通知后发送下一个段
这是2号
④ 接收下一个段，根据序列号，按照顺序排列段

这个过程一直持续到所有段都发送完毕。虽然效率有点低，但是安全准确

集中发送

比起单个段的发送，将若干个段集中在一起发送更有效率。发送的数据只要不超过通信开始前决定的接收窗口大小，就无需等待确认应答，可以集中发送。

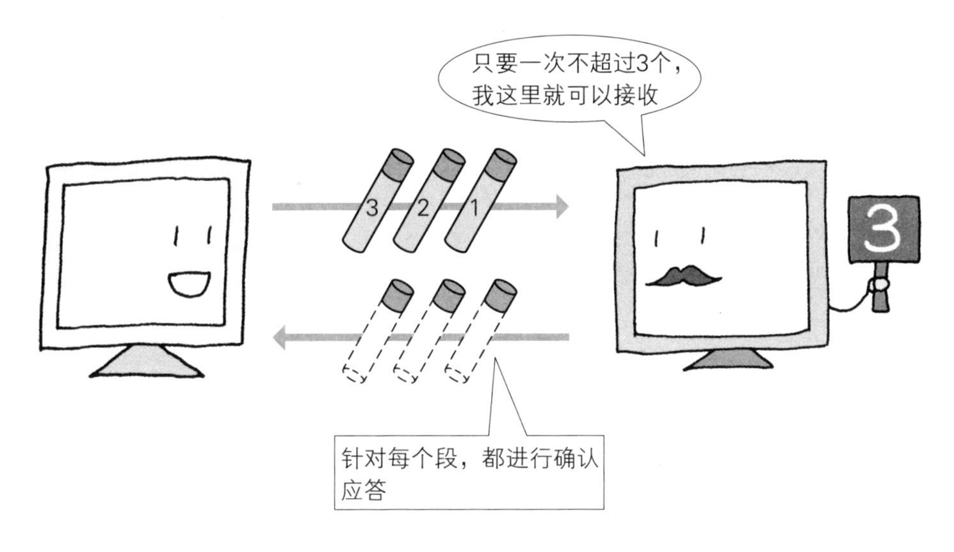
只要一次不超过3个，
我这里就可以接收
3
2
1
3
针对每个段，都进行确认应答

≫ 接收窗口大小的变更

接收窗口的大小可以在通信过程中变更。所以，网络不忙时就可以多发一点数据，网络繁忙时就可以少发一点数据，即可根据具体情况随时调整。

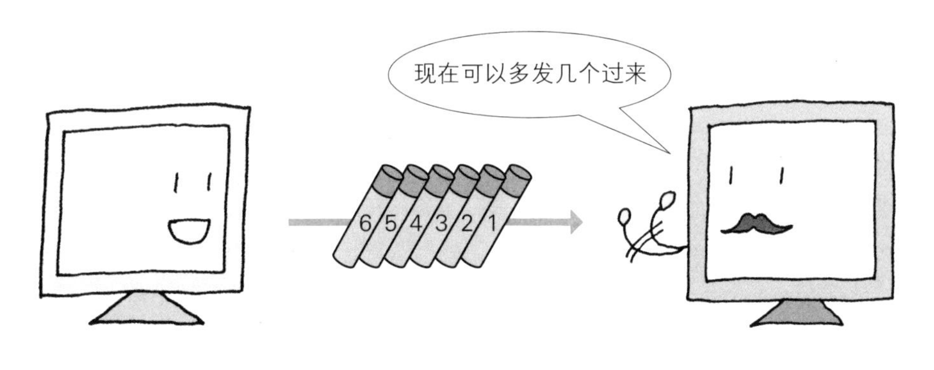
现在可以多发几个过来
6
5
4
3
2
1

TCP 可以处理得非常细致

TCP/IP 概要

通信服务与协议

应用层

传输层
网络层

数据链路层及物理层

路由选择

安全性

出问题时的处理

TCP中规定了“当信息收发过程中出现问题时，重新发送段”。

没有收到确认应答时，再次发送

等待一段时间后没有收到对方的确认应答时，不管什么原因，发件人会再次发送段。

≫ 段的延迟/丢失

信息发送过程中有时会出现段失踪的情况。如果没有收到段，收件人就无法发送确认应答。

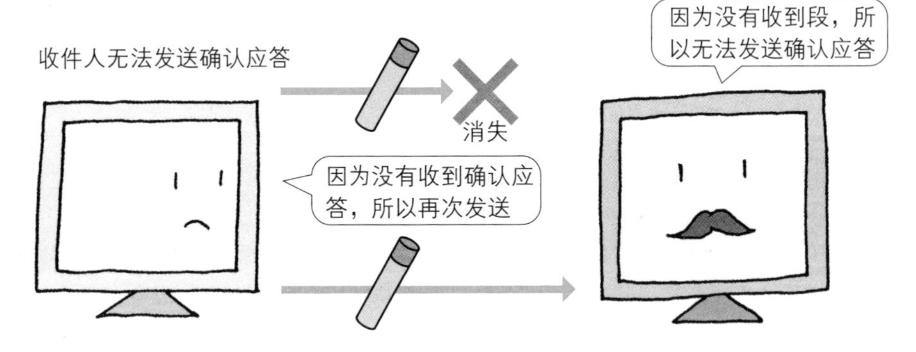

收件人无法发送确认应答
因为没有收到段，所以无法发送确认应答
消失
因为没有收到确认应答，所以再次发送

≫ 确认应答的延迟/丢失

确认应答本身有时也会在网络上失踪。

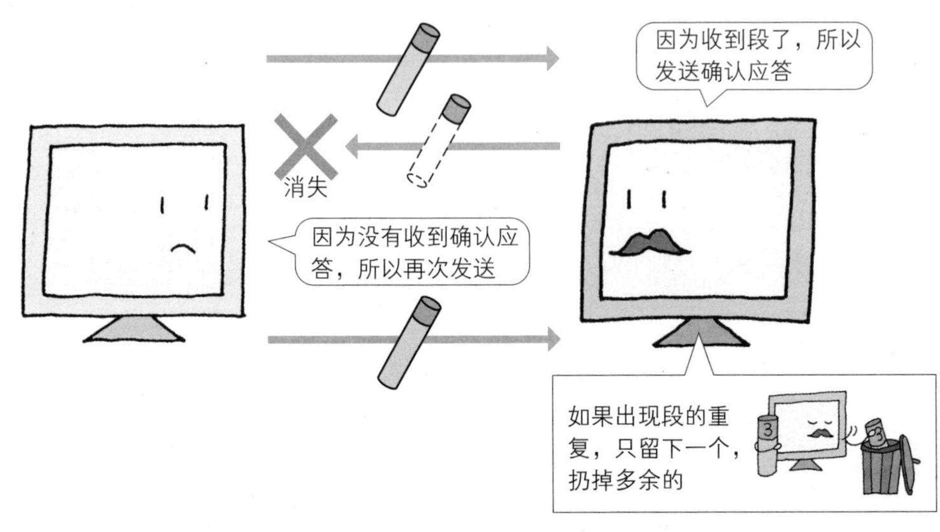

因为收到段了，所以发送确认应答
消失
因为没有收到确认应答，所以再次发送
如果出现段的重复，只留下一个，扔掉多余的

≫ 数据的损坏

数据在发送过程中如果出现损坏，收件方会废弃该数据，并且不会发送确认应答。数据是否损坏，通过包头中的校验和的数值来判断。

数据已损坏，只能废弃。不能发送确认应答了

还没收到确认应答……再发一次吧

重新发送的次数是无限的吗?

重新发送了一定次数后仍然没有确认应答返回时，发件人会强制性地切断通信。切断通信时，将TCP包头中的控制标记“RST”设置为1。

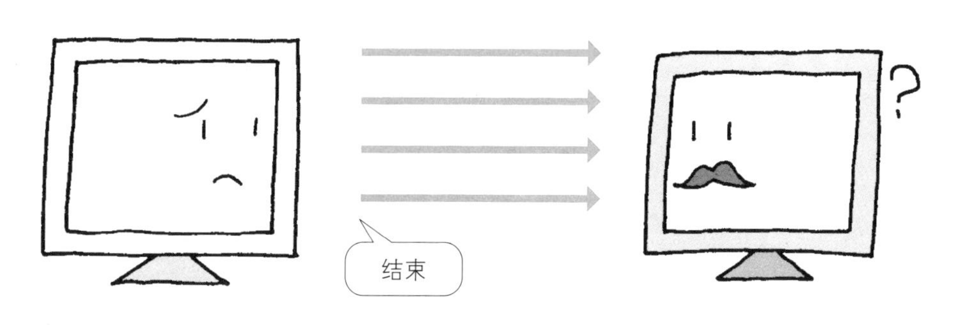
结束

收件人端的处理

本节将介绍收件人方面的处理内容及TCP包头中的内容。

传递给应用层

收件人根据TCP包头中被写入的端口号，将数据传递给指定的应用层协议。所有数据如果集中在一个段内的话，就拆掉包头后传递剩余部分，如果数据被分割为2个以上，则组装后再传递。

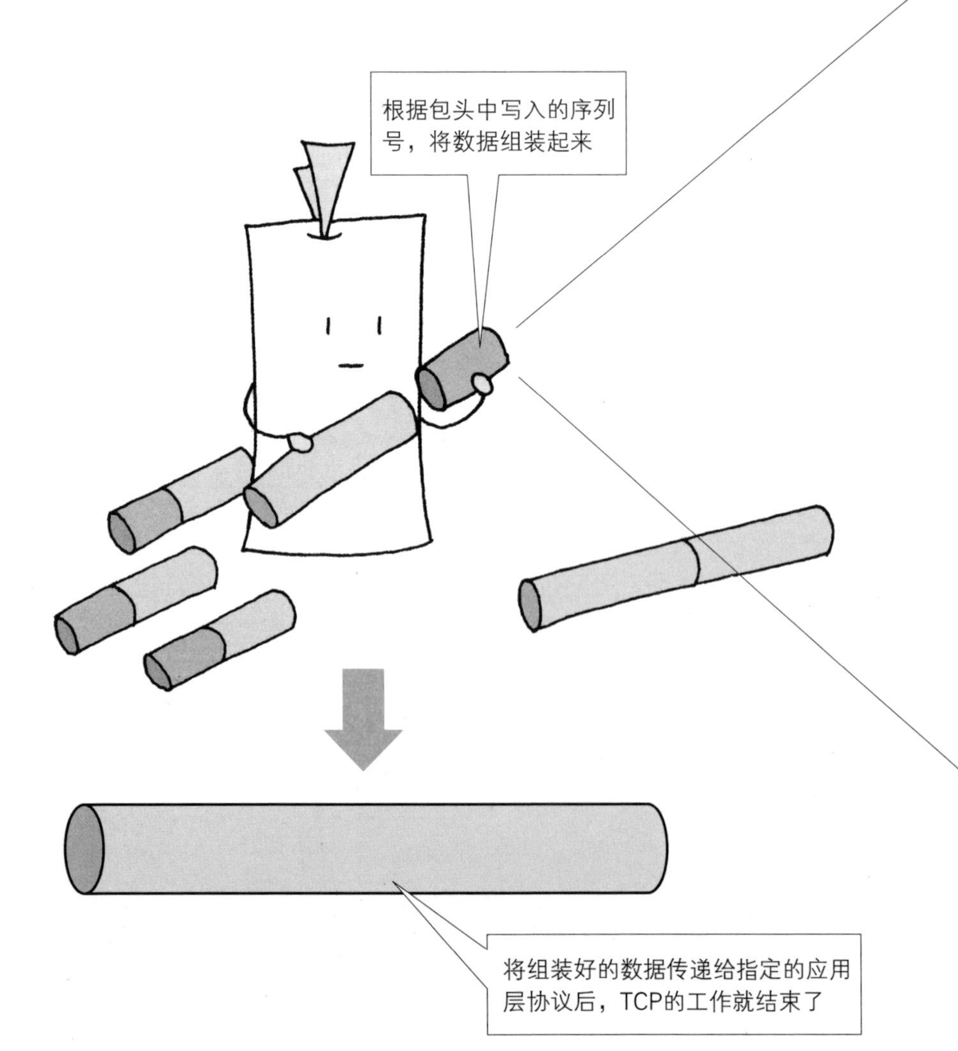
根据包头中写入的序列号，将数据组装起来
将组装好的数据传递给指定的应用层协议后，TCP的工作就结束了

≫ TCP包头

TCP包头已经规定了要按照以下顺序和大小写入相关内容。因为是二进制数列，所以数字以二进制形式表示。颜色较深的部分是收件人写入的部分。

<table>
<tr><td colspan="3">① 源端口号（16位）
写入发件人的端口号
例：80→0000 0000 0101 0000</td><td>② 目的端口号（16位）
写入收件人的端口号
例：80→0000 0000 0101 0000</td></tr>
<tr><td colspan="4">③ 序列号（32位）
注明在所有数据中，此数据是第几个（第几个字节）</td></tr>
<tr><td colspan="4">④ 确认应答序号（32位）
注明即将接收的下一个数据是所有数据中的第几个（第几个字节）</td></tr>
<tr><td>⑤ 数据偏移（4位）①</td><td>⑥ 保留（6位）
现在未被使用</td><td>⑦ 状态控制码（6位）
URG ACK PSH RST SYN FIN</td><td>⑧ 窗口大小（16位）
写入可以接收的数据大小</td></tr>
<tr><td colspan="3">⑨ 校验和（16位）
写入用于确认数据是否完整的数值</td><td>⑩ 紧急指针
URG旗标为1时使用</td></tr>
<tr><td colspan="3">⑪ 选项
扩展TCP功能时使用（决定段的大小等情况）</td><td>⑫ 填充
包头如果不是32位的整数倍时，添加0补足，调整包头的大小</td></tr>
</table>

① 输入从开头到数据的开始位置的二进制数除以32后的数值

UDP 协议

与以安全第一为宗旨的TCP相对应的，是重视通信速度的UDP协议。

不需要提前联系

UDP中的发件人会在没有提前联系对方的情况下，单方面地发送数据。这种通信叫作“无连接通信”。

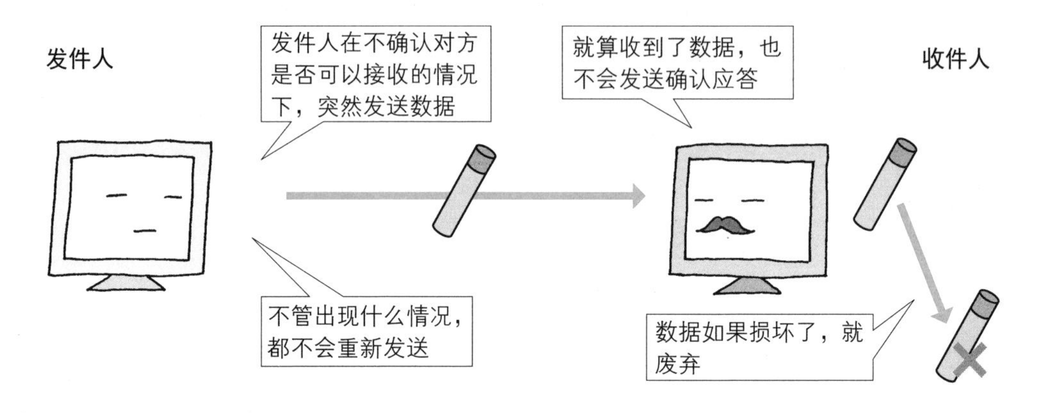
发件人
发件人在不确认对方是否可以接收的情况下，突然发送数据
就算收到了数据，也不会发送确认应答
收件人
不管出现什么情况，都不会重新发送
数据如果损坏了，就废弃

向多个收件人同时发送

UDP可以向多个收件人同时发送数据。面向特定的多个收件人的发送叫作“组播传输”，面向不特定的多个收件人的发送叫作“广播传输”。

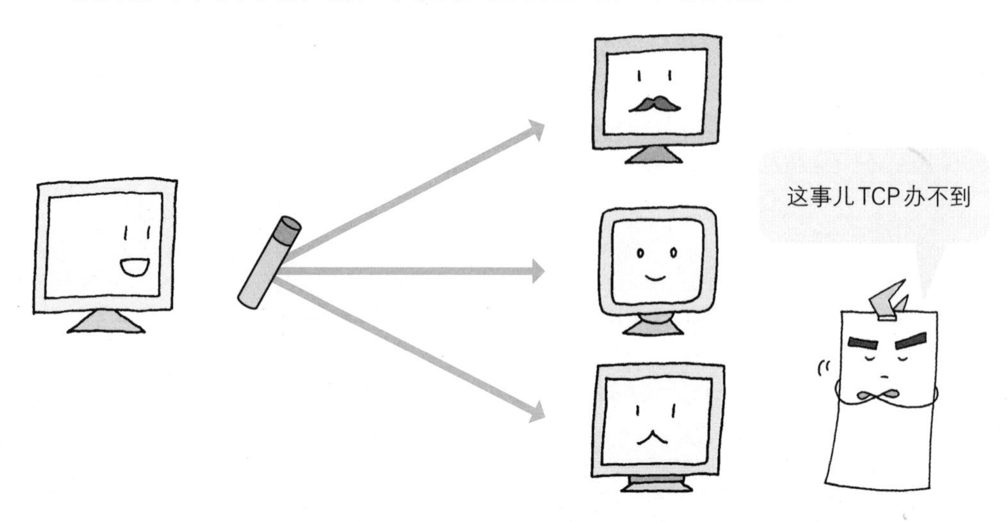
这事儿TCP办不到

UDP 的工作

UDP的工作只有以下两件事。除此之外的需求，由应用层的协议实现。

> ① 确认数据是否损坏，如果有损坏就废弃。
> ② 拆除UDP包头后，将数据交给指定的应用层协议。

① 源端口号（16位） 写入发件人的端口号。不指定的情况下，全部设为0	② 目的端口号（16位） 写入收件人的端口号 例：80→0000 0000 0101 0000
③ 数据包长度（16位） 包头与数据一共有多少个字节	④ 校验和（16位） 写入用来确认数据是否损坏的数值

数据

UDP被用于数据实时性比可靠性更重要的通信以及数据较小的网络管理的通信等中。

你好呀

你 呀 好

你呀

netstat 命令

让我们使用用于调查通信状态的netstat命令来看一下你的电脑的连接情况吧。

netstat 命令

netstat是显示通信相关信息的命令。在PowerShell等的CUI环境中，输入“netstat”，按下［Enter］键后，就能显示出已建立的通信的信息。

在这里，让我们以Windows的PowerShell为例进行介绍。

PS C:¥> netstat

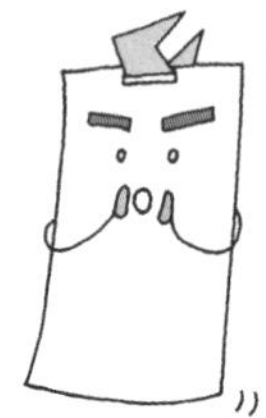

PowerShell的启动方法请参考“知识准备”

≫ 结果

以协议起头的行显示的是项目名称，位于此行下部的是结果。OS不同，显示出来的项目可能不同。(以下是Windows的情况)

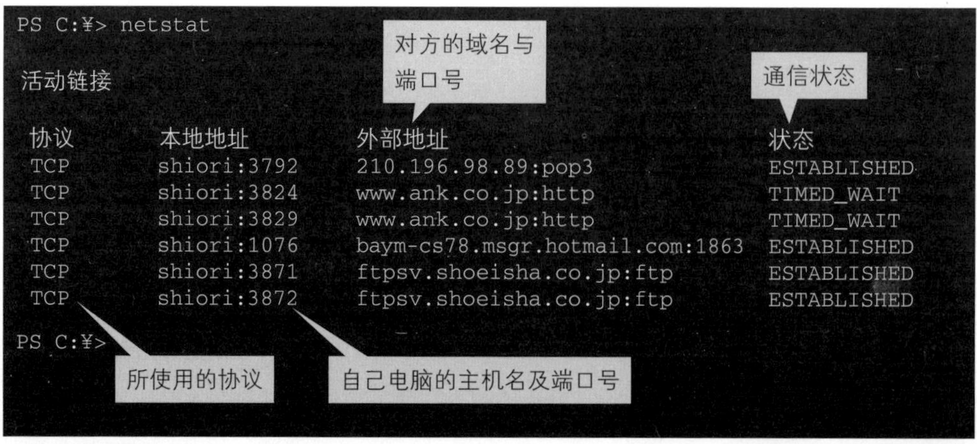
PS C:¥> netstat
对方的域名与端口号
活动链接
通信状态
协议 本地地址 外部地址 状态
TCP shiori:3792 210.196.98.89:pop3 ESTABLISHED
TCP shiori:3824 www.ank.co.jp:http TIMED_WAIT
TCP shiori:3829 www.ank.co.jp:http TIMED_WAIT
TCP shiori:1076 baym-cs78.msgr.hotmail.com:1863 ESTABLISHED
TCP shiori:3871 ftpsv.shoeisha.co.jp:ftp ESTABLISHED
TCP shiori:3872 ftpsv.shoeisha.co.jp:ftp ESTABLISHED
PS C:¥>
所使用的协议
自己电脑的主机名及端口号

注：上述结果为示例

结果如上

≫ 显示所有信息

仅有“netstat”的话，看不到原本就不建立通信的UDP的信息。需要查看全部信息时，在“netstat”的后边输入“-a”（Linux、UNIX[1]也一样）。写在命令后边的文字叫作选项。

用半角空格隔开

```
PS C:¥> netstat -a

活动链接

  协议     本地地址          外部地址                    状态
  TCP     shiori:3999      210.196.98.89:pop3          ESTABLISHED
  TCP     shiori:4132      ftpsv.shoeisha.co.jp:ftp    ESTABLISHED
  TCP     shiori:3829      www.ank.co.jp:http          ESTABLISHED
  TCP     shiori:3792      210.196.98.89:pop3          TIMED_WAIT
  UDP     shiori:1026      *:*
  UDP     shiori:4008      *:*

PS C:¥>
```

注：上述结果为示例

显示项目一览表（Windows的情况下）

项目名称	含义
协议	显示所使用的协议
本地地址	在自己所使用的电脑的主机名及“：（冒号）”后边显示端口号。主机名的部分有时会显示计算机上处理时的号码（IP地址）。通用端口号显示为其服务的关键字。此外，通信未建立时，显示为 *
外部地址	显示所连接着的电脑的主机名（或者IP地址）及端口号。显示方法等与本地地址相同
状态	显示通信的状态。ESTABLISHED表示通信已建立

TCP/IP概要

通信服务与协议

应用层

传输层

网络层

数据链路层及物理层

路由选择

安全性

附录

❶ Linux：是一种自由和开放源码的类UNIX操作系统。

UNIX：一种多用户、多进程的计算机操作系统，源自于从20世纪70年代开始在美国AT & T公司的贝尔实验室开发的AT & T Unix。

专 栏

~ NetBEUI的历史 ~

在TCP/IP像今天这样成为主流之前，NetBEUI是Windows中使用的通信协议之一。

NetBEUI的全称是“NetBIOS Extended User Interface”，它是20世纪80年代前期IBM公司开发的通信协议群。原本在IBM公司的PC上，NetBIOS（即Network Basic Input/Output System）被作为用于控制网卡的API（Application Programming Interface,使用应用程序功能的接口）使用。而NetBEUI是扩张NetBIOS之后得到的。NetBEUI起初被用于微软公司与3COM公司共同开发的网络OS：LAN Manager上，之后在历代的Windows OS上其作为标准配置被广泛使用。在Windows网络中，它被用于文件及打印机的共享服务。

NetBEUI通过电脑的名称（NetBIOS名）来识别通信对手。通信时，首先广播传输（P.92）对方的NetBIOS名，收到请求的对象计算机返回自己的MAC地址（P.132）。然后在此MAC地址的基础上，双方开展交流。NetBEUI不需要像TCP/IP一样分配地址等，其设置及管理也很简单，适用于小规模的LAN。但是，因为要锁定通信对手需要大量使用广播传输，所以伴随着计算机台数的增多，其占用流量（被转发的数据量）容易增多，这是它的缺点之一。除此之外，由于没有路由选择功能，它不能被用于通过路由器连接起来的大规模LAN及英特网。

为了解决此问题而开发的协议就是NetBIOS over TCP/IP（NBT）。通过在NetBIOS API的下位协议中使用TCP/IP，正如上述名称所示，NetBIOS实现了在TCP/IP上的应用。NBT会提前完成NetBIOS名称与分配给各个电脑的IP地址之间的对应关系，并在IP地址的基础上进行交流。虽然其通信的基本模式与NetBEUI没有什么区别，但能够利用TCP/IP具有的路由选择功能支持英特网及大规模的网络。

但是，在英特网普及，TCP/IP（NBT）成为主流之后，仅仅通过使用NetBEUI构建网络的优势消失了。所以Windows XP（2001年开始销售）将其从支援的成员中删除，不再作为标准协议安装，而且Windows 7（2009年开始销售）也将对NetBEUI本身的支援功能删除了。

5

网络层

192.168.15.10

图解
TCP/IP
这里是关键
key

计算机的地址

在本章中，我们将对位于TCP/IP 5层协议中间位置的网络层进行介绍。这一层也叫作英特网层，承担着跨越多个网络，将数据传递给对方计算机的职责。

在网络层中，承担上述功能的核心协议只有一个：IP（Internet Protocol）。IP中既包括常见的IPv4，也包括其最新版本的IPv6，现在这两种协议被混合使用。虽然本书将以IPv4为例展开说明，但请读者也不要忘记IPv6的更新换代在持续进行中。在IP通信中，为了锁定对方的设备，要用到叫作IP地址的固定数字。现在广泛使用的IP（IPv4）中，IP地址以32位二进制数字的方式表达。一般情况下，每8位二进制数字以句点隔开，然后以十进制数字的形态显示为“192.168.15.10”。就像写信时需要在信封上写地址一样，网络层也要在包头写入IP地址。

IP地址由相当于“城市名”的“网络地址”及相当于“门牌号”的“主机地址”组成。因为乍一看，很难分辨出哪部分是网络地址，哪部分是主机地址，所以，为了显示这两部分的分界线，使用子网掩码这一规则。本章中将对子网掩码进行介绍。

信使先生

IP是否可以信任？

IP是无连接型的协议。相当于传输层的UDP，“只要发送出去了就可以。不管对方有没有收到”。但是由这样的协议担任通信的核心协议的话，未免有些太不严谨了。为了增加网络层的可靠性，跟踪IP的协议：ICMP（Internet Control Message Protocol）开发了出来。

当发生收件人没有收到信息等问题时，ICMP会向发件人发送通知信息。需要特别说明的是，此时的ICMP信息不是单独发送的，而是被附加了IP包头后发送的。也就是说，与传输层中TCP及UDP的并列关系不同，ICMP只是“协助IP的协议”。正是因为这个原因，所以上页中才提到“承担上述功能的核心协议只有一个”。

顺便提下，在传输层中被称为“段”的东西在网络层化身为“数据”，在其上附加IP包头后的内容叫作“IP数据包”。IP数据包到了下一个数据链路层后又变成“数据”……就像这样，每到一层，名称会发生变化。虽然有些麻烦，但还是慢慢适应吧。

接下来要触及TCP/IP的核心内容了。在这里不仅会介绍IP协议，还会介绍收件人接收到数据之前的各种各样的机制。让我们慢慢往下看。

空屋

192.168.15.10

网络层的作用

本节中将对担任TCP/IP通信核心功能的网络层的主要作用进行介绍。

网络层的定位

网络层的定位与其他层不同，本层中主要的协议只有IP一个。

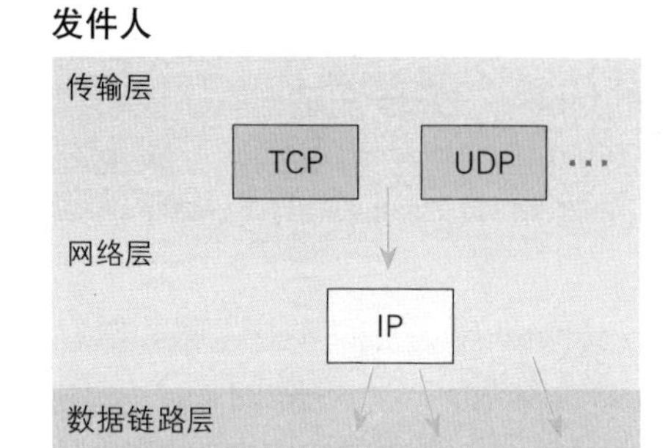

发件人
传输层
TCP
UDP
…
网络层
IP
数据链路层
Ethernet
PPP
…

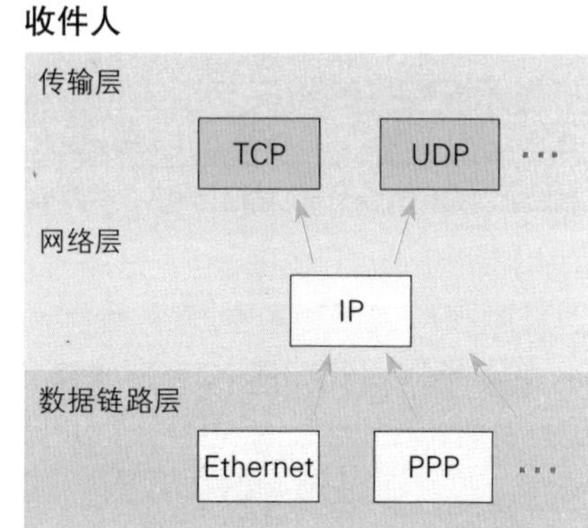

收件人
传输层
TCP
UDP
…
网络层
IP
数据链路层
Ethernet
PPP
…

融合不同的通信方式

网络层具有融合不同通信方式的功能。所以，通信方式不同的网络上的计算机也可以互相通信了。

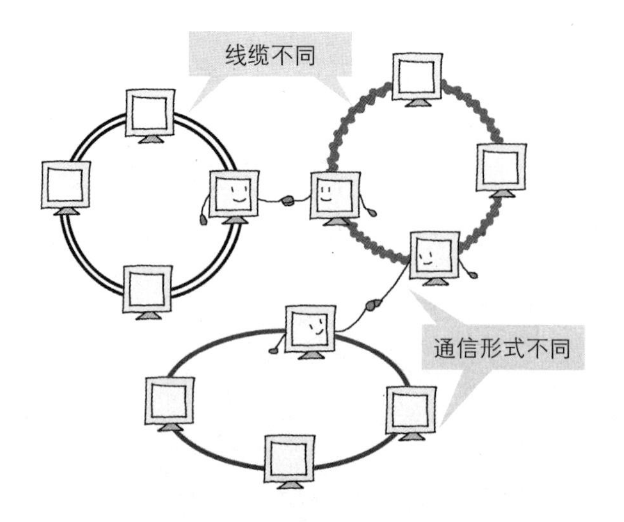

线缆不同
通信形式不同

网络层可以说是弥合不
同通信方式的缓冲物

锁定通信对手

网络层处理的是“谁向谁发送”这种通信中最重要的信息。为了能够锁定通信对手，存在于网络上的所有设备都被分配有固定的地址。

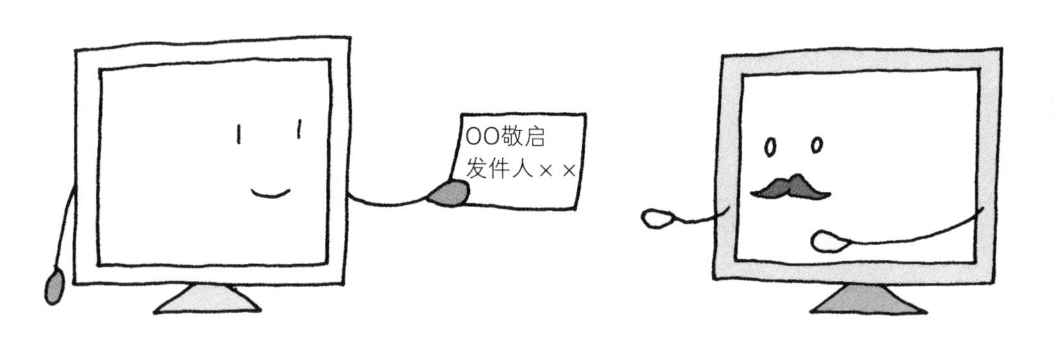

OO敬启
发件人××

决定传递给收件人的路径

信息到达收件人计算机的路径可能不止一个。到达收件人的路径存在多个时，找出合适的传递路径是网络层的职责。

START
GOAL

192.168.15.10

IP协议

本节中将对网络层的核心协议（IP）的主要功能进行介绍。

传递给数据链路层

发件人从传输层得到数据后，会在这些数据前追加上一些数据，其中包含收件人的编号（IP地址），追加了IP包头的数据就叫作IP数据包，IP数据包接下来就会被传递给数据链路层。

接收到的数据大于数据链路层能够处理的数据大小时，将数据分割后再追加包头
IP包头

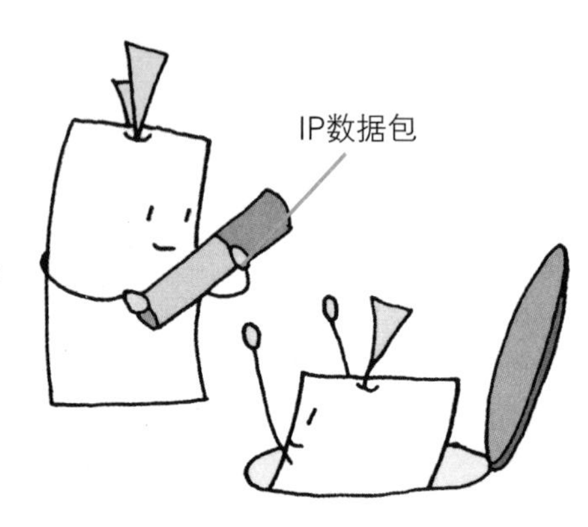

IP数据包

尽力服务式的数据转发

IP数据包转发采用的是尽力服务模式。尽力服务是指“会努力，但不保证结果”的意思。即虽然会检查包头是否损坏及接收地址是否存在，但不会实施再次发送处理。

就算数据丢了也不在意

采用最佳路径发送

IP中会根据到达收件人的路程及通信情况等，判断出当时最快的传递路径，然后发出。

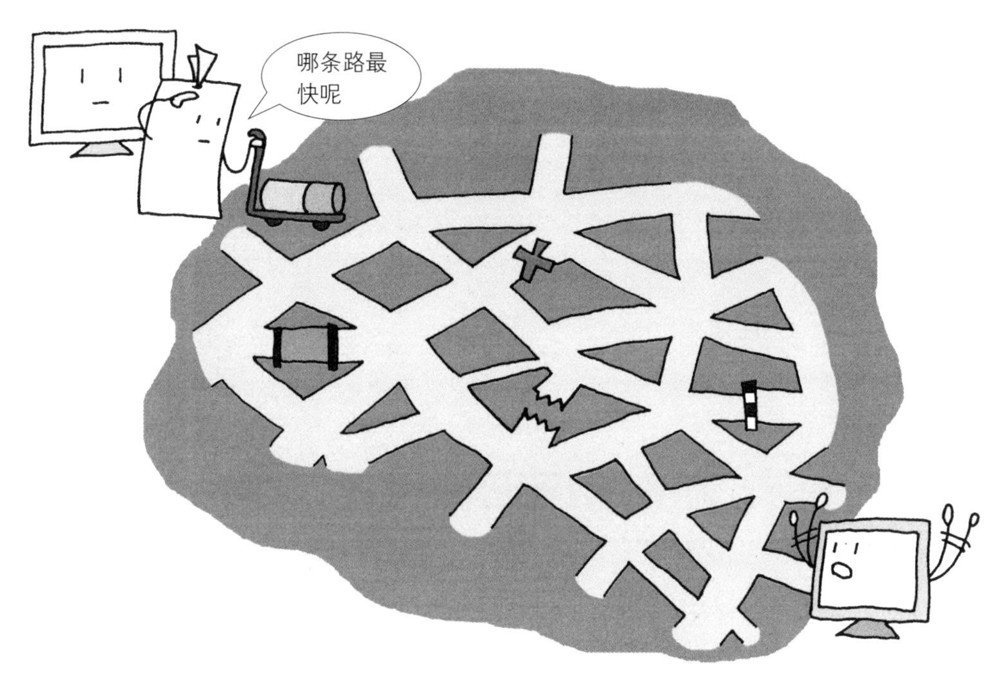
哪条路最快呢

交给传输层

收件人会确认IP包头中写入的收件人地址（IP地址），只收取发给自己的数据。然后交给传输层指定的协议。

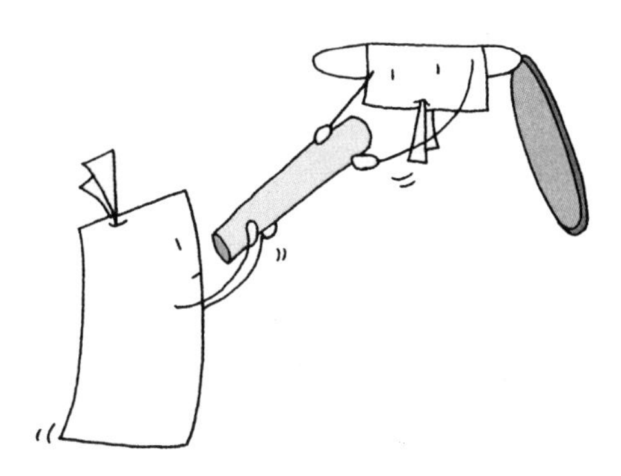
如果一个数据是被分割为几部分发送的，则先组装好之后再传递

IP地址（IPv4）

192.168.15.10

IP地址，正如其名，指的是IP判断收件人时使用的“计算机的地址”。

IP地址与IPv4

IP地址是指用于区分网络设备的编号。一直以来使用的有IPv4及新一代的IPv6。IPv4由32位二进制数字序列组成，一般情况下结构如下。

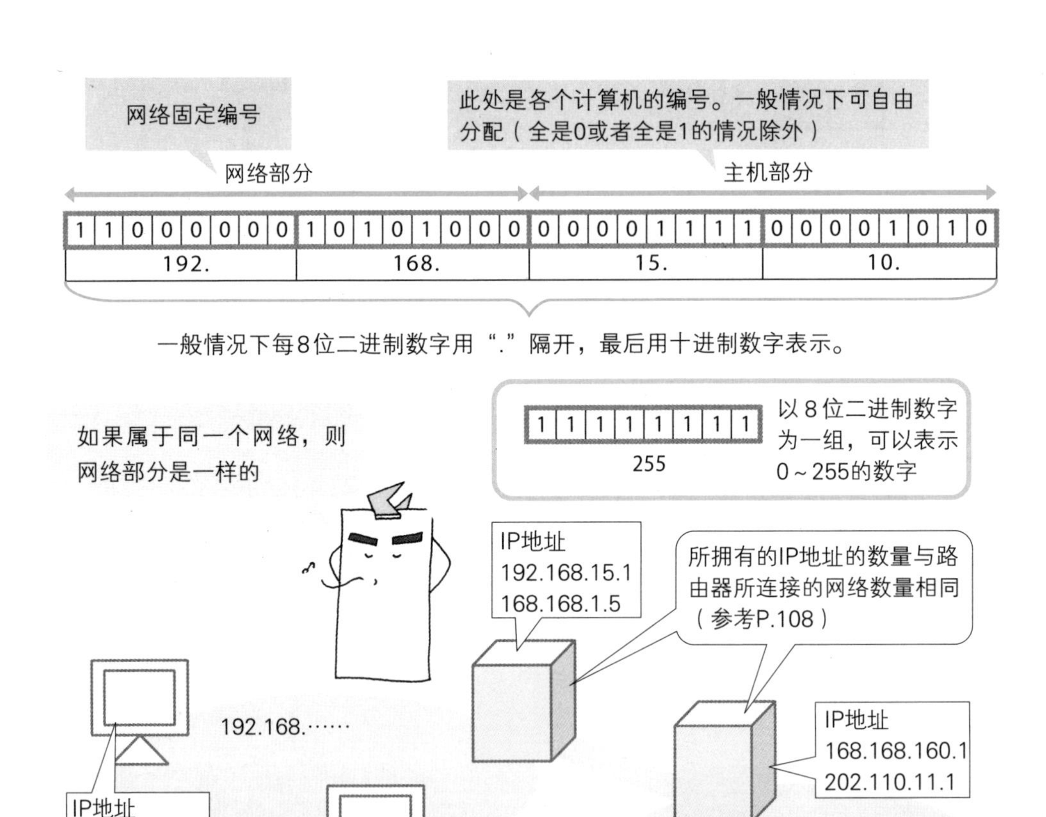

网络固定编号
此处是各个计算机的编号。一般情况下可自由分配（全是0或者全是1的情况除外）
网络部分
主机部分
1 1 0 0 0 0 0 0 1 0 1 0 1 0 0 0 0 0 0 0 1 1 1 1 0 0 0 0 1 0 1 0
192.
168.
15.
10.
一般情况下每8位二进制数字用“.”隔开，最后用十进制数字表示。
1 1 1 1 1 1 1 1
255
以8位二进制数字为一组，可以表示0～255的数字
如果属于同一个网络，则网络部分是一样的
IP地址
192.168.15.1
168.168.1.5
所拥有的IP地址的数量与路由器所连接的网络数量相同（参考P.108）
192.168.……
IP地址
168.168.160.1
202.110.11.1
IP地址
192.168.15.2
IP地址
192.168.15.3
202.110.……

如果有多台计算机的IP地址完全相同，就达不到“锁定计算机”的目的了。因此，为了防止号码有重复，以ICANN为主的机构管理着全世界的IP地址。

网络部分与主机部分的分界线

只用一个IP地址，无法识别出网络部分与主机部分的分界线。所以，需要使用叫作子网掩码（或者网络掩码）的数值来表示分界线。

IP地址	192.	168.	15.	10
	网络部分		主机部分	
	1 1 0 0 0 0 0 0	1 0 1 0 1 0 0 0	0 0 0 0 1 1 1 1	0 0 0 0 1 0 1 0
	对应网络部分的二进制数字设为1			
子网掩码	1 1 1 1 1 1 1 1	1 1 1 1 1 1 1 1	0 0 0 0 0 0 0 0	0 0 0 0 0 0 0 0
	255.	255.	0.	0

一般情况下，IP地址与子网掩码显示如下，并成对使用。

IP地址	192.	168.	15.	10
子网掩码	255.	255.	0.	0

除此之外，还可以将IP地址与子网掩码综合起来表示如下。

192.168.15.10/16

IP地址

在IP地址后边，书写/（斜线号）及网络部分的二进制数字

分界线也有可能与8位二进制数字的分隔符不一致

192.168.15.10

IP地址（IPv6）

因为担心IPv4中的IP地址资源枯竭，所以引入IPv6来解决这个问题。

IPv6

IPv4中能够表示的IP地址约有43亿个，乍一看数量好像足够了，但是伴随着英特网的大规模普及，这个数量已经无法满足需求。为解决这个问题而想出来的对策就是IPv6，它由128位二进制数字组成。

	IPv4	IPv6
地址的长度	32位二进制数字	128位二进制数字
地址的数量	2^{32}，约43亿	2^{128}，约340涧（3.4×10^{38}，约340兆×1兆×1兆）
显示方式	十进制	十六进制
加密功能	选项功能	标准功能
组播传输（P.92）	不支持	支持

两者无通用性

IPv6要比IPv4更安全、方便

IPv6的显示方式

IPv6的地址值每16位二进制数字用“:（冒号）”隔开，以十六进制（0 ~ f）方式表示。

2001:2df6:1ee9:05f0:0000:0000:0000:0019

每16位二进制数字加一个“:”，共分为8组，然后分别用十六进制数字表示

省略的原则

IPv6可以省略部分内容，缩短显示长度。省略规则如下。

≫ 各部分开头连续几个“0”的情况下，“0”可省略

“：”之间的部分，如果从头开始连续出现“0”，则可以省略处理。但是如果全部是“0”，则至少要保留1个“0”。

```
2001:2df6:1ee9:05f0:0000:0000:0000:0019
        ↓
2001:2df6:1ee9:5f0:0:0:0:19
```

≫ 内容为“0”的区域如果连续出现的话，“0”可省略

内容为“0”的区域如果连续出现的话，可以省略掉“0”，而以“：：”表示。

```
2001:2df6:1ee9:05f0:0000:0000:0000:0019
2001:2df6:1ee9:5f0:0:0:0:19
        ↓
2001:2df6:1ee9:5f0::19
```

本规则在1个地址内部只能使用1次。

```
2001:0000:0000:05f0:0000:0000:0000:0019
2001:0:0:05f0:0:0:0:0019
        ↓
2001::05f0:0:0:0:0019
或者
2001:0:0:05f0::0019
```

如果两处都省略，写为“2001：：05f0：：0019”的话，是错误的

子网掩码的显示方式

IPv6可以使用与IPv4相同的方法显示子网掩码（P.105）。但因为一般最后会出现“/64”，所以，不需要特意区分。

2001:2df6:1ee9:05f0:0000:0000:0000:0019/64

IPv6地址　　　　网络部分的二进制数字数

数据传输的引路人

192.168.15.10

很多通信服务，数据从发件人计算机到达收件人计算机之前都要经过多个网络。

路由器

路由器是将各个网络连接起来，并引导数据包到达收件人的设备。在路由器的网络层内部，会对IP包头中记载的收件人IP地址进行查验，确定下一个接收地址（详细内容请参考“路由选择”一章）。

路由器内部执行的操作

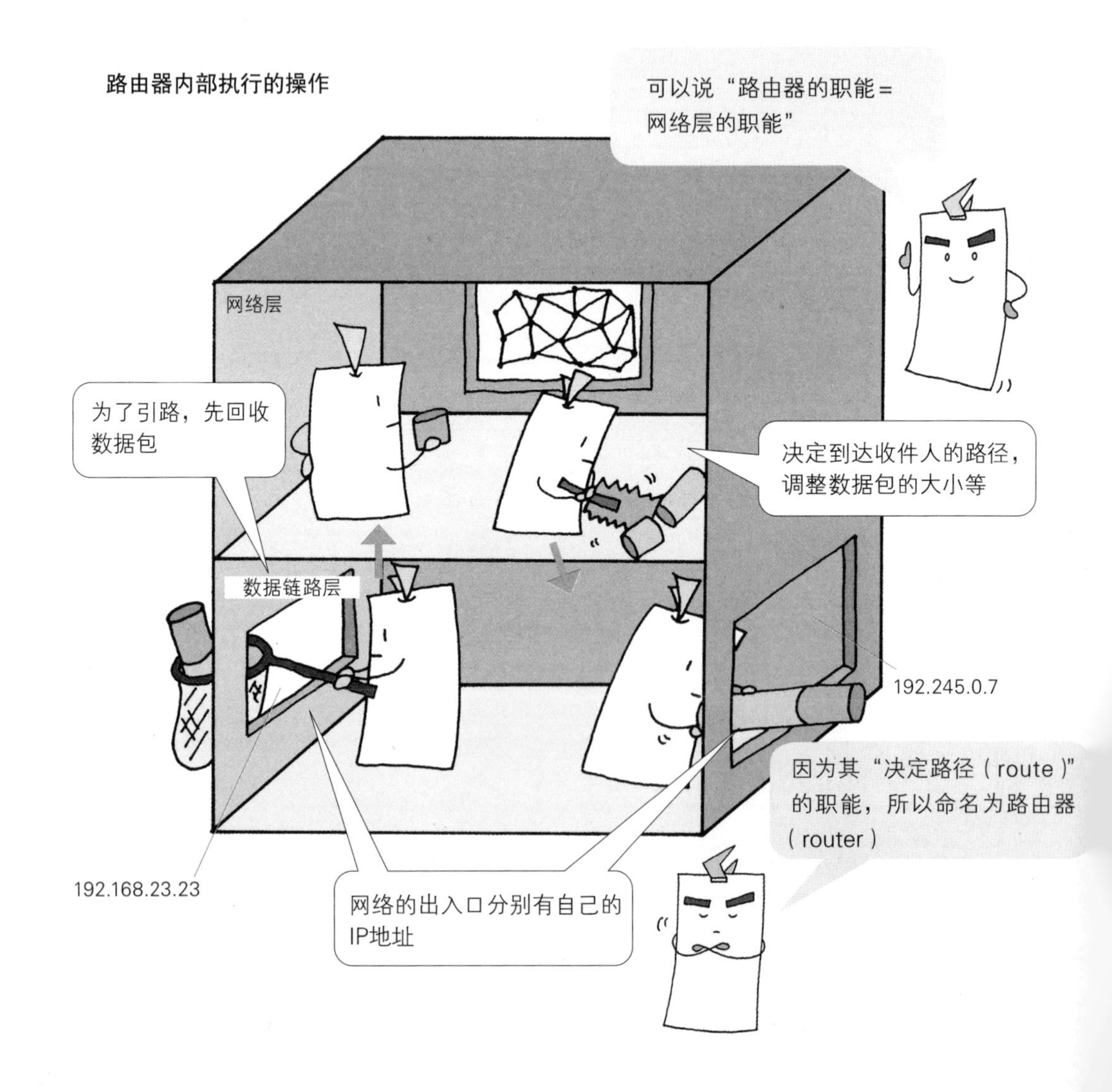
可以说“路由器的职能=网络层的职能”
网络层
为了引路，先回收数据包
决定到达收件人的路径，调整数据包的大小等
数据链路层
192.245.0.7
因为其“决定路径（route）”的职能，所以命名为路由器（router）
192.168.23.23
网络的出入口分别有自己的IP地址

路由器的引路操作

通过路由器转发数据包的流程如下。

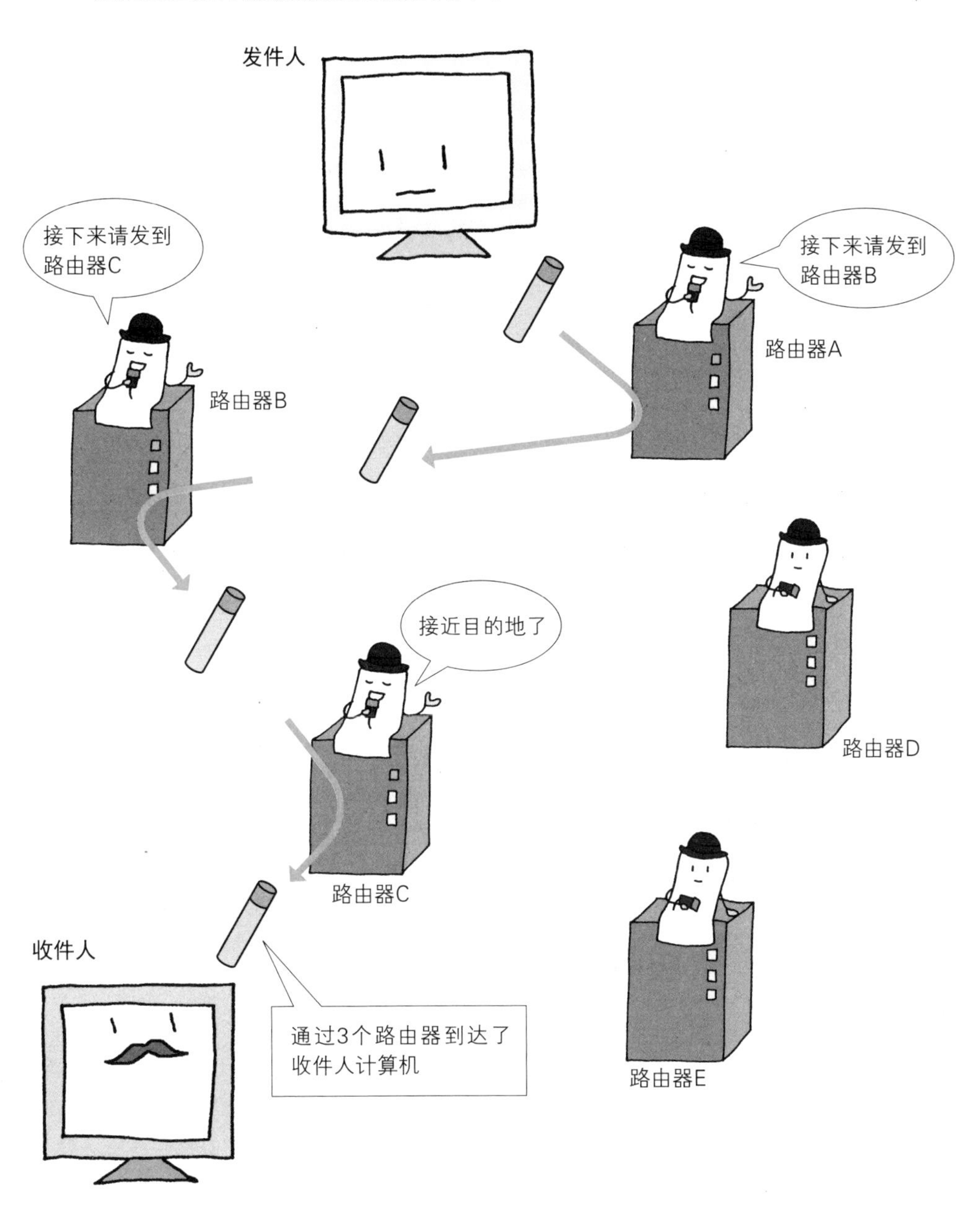

发件人
接下来请发到路由器C
接下来请发到路由器B
路由器A
路由器B
接近目的地了
路由器D
路由器C
收件人
通过3个路由器到达了收件人计算机
路由器E

在通信的世界里，用路由器的数量来表示计算机之间的距离。此时使用的单位叫作跳数。

192.168.15.10

收件人端的处理

本节将介绍收件人端的处理内容及IP包头的内容。

交给传输层

收件人的网络层，负责查看IP包头，确认数据有无损坏，是否是发给自己的等。而且还负责交给传输层指定的协议。

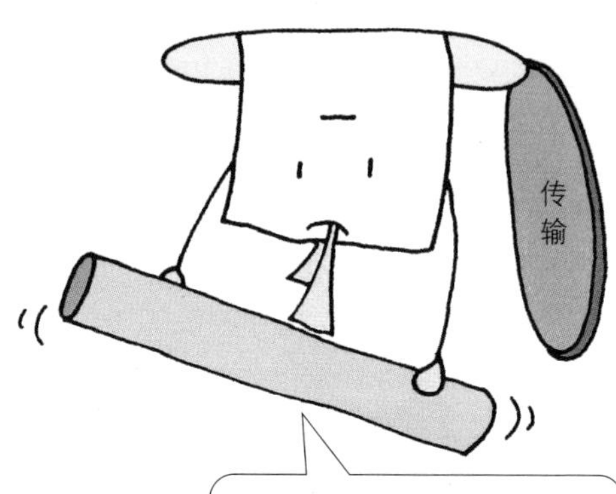
传
输
将组装好的数据传递给传输层指定的协议

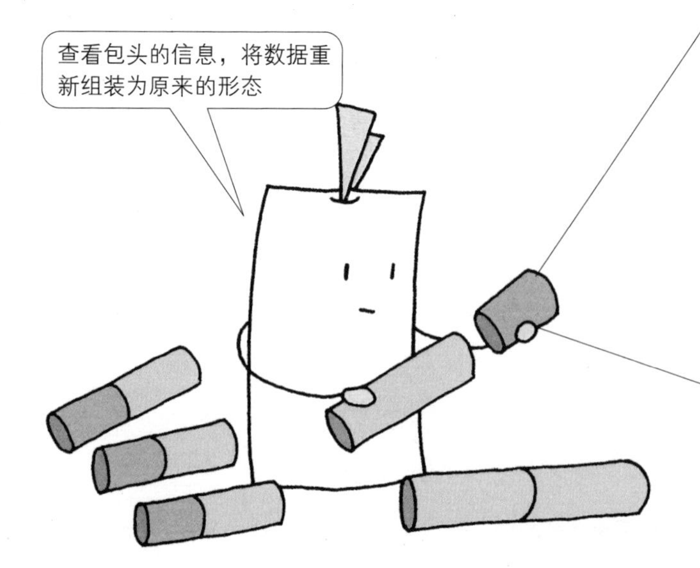
查看包头的信息，将数据重新组装为原来的形态

IP包头规定了写入的顺序及数据大小。IPv4的情况如下。

IP包头(IPv4)

① 版本（4位二进制数字）❶	② 包头长度（4二进制数字）❷	③ 服务类型(8位二进制数字) 显示发送信息时的优先情况	④ 数据包长度（16位二进制数字） IP包头与数据的整体大小
⑤ 标识符（16位二进制数字） 将分割后的IP数据包复原时使用的值		⑥旗标（3位二进制数字）❸	⑦ 分片偏移（13位二进制数字） 被分割的数据的顺序
⑧ 生存时间（8位二进制数字）经过的路由器数量	⑨ 协议（8位二进制数字）上一级协议	⑩ 包头校验和（16位二进制数字）确认IP包头是否损坏的数值	
⑪ 发件人IP地址（32位二进制数字）			
⑫ 收件人IP地址（32位二进制数字）			
⑬ 选项 一般情况下不使用			⑭ 填充 如果包头不是32位二进制数字的整数倍时，添加0补充

❶ IP版本，IPv4时写入“4”。❷ IP包头的大小。❸ 关于数据包分割的信息。

IPv6的IP包头如下。与IPv4的IP包头相比，变得更简单。

IP包头(IPv6)

① 版本（4位二进制数字）❶	②流量等级（8位二进制数字）显示发送信息时的优先情况	③ 流标签（20位二进制数字） 用于确保通信路径的质量、路径的优先选择
④ 负载长度（16位二进制数字） 去除IP包头后，扩展包头与数据的整体大小	⑤ 下一包头（8位二进制数字） 显示下一个扩展包头及上一级协议的类型	⑥ 跳数限制（8位二进制数字） 可以经过的路由器数量
⑦ 发件人IP地址（128位二进制数字）		
⑧ 收件人IP地址（128位二进制数字）		

后接被称为“负载”的“扩展包头”及“数据”

❶ IP版本，IPv6时写入“6”。

192.168.15.10

网络层的可靠性

为了跟踪缺乏可靠性的IP，网络层中使用了称为ICMP的协议。

IP是无链接型的

IP与UDP相同，采用无链接通信方式。所以并不关心数据是否到达了收件人处。

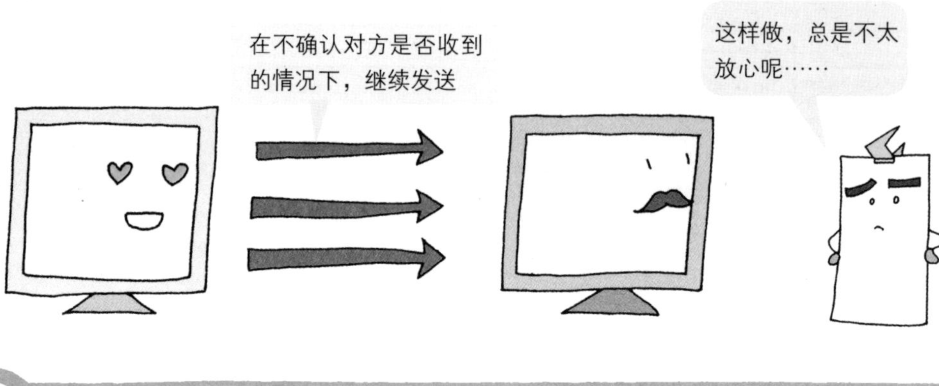
在不确认对方是否收到的情况下，继续发送
这样做，总是不太放心呢……

跟踪IP的ICMP

为了解决上述问题，确保网络层的可靠性，设置有帮助IP的协议：ICMP（Internet Control Message Protocol，IPv6中为ICMPv6 Internet Control Message Protocol）。ICMP · ICMPv6根据需要，将IP数据包的通信情况等通知给发件人。

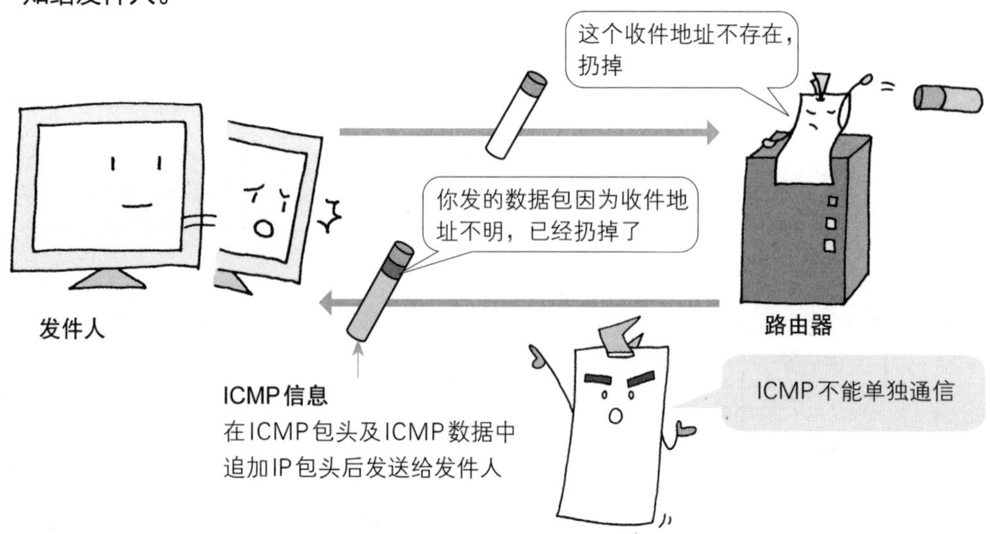
这个收件地址不存在，扔掉
你发的数据包因为收件地址不明，已经扔掉了
发件人
路由器
ICMP信息
在ICMP包头及ICMP数据中追加IP包头后发送给发件人
ICMP不能单独通信

ICMP 包头

ICMP包头的基本结构（不管是ICMP，还是ICMPv6）如下所示。除此之外的包头内容及数据内容，根据所发送的信息不同而不同。

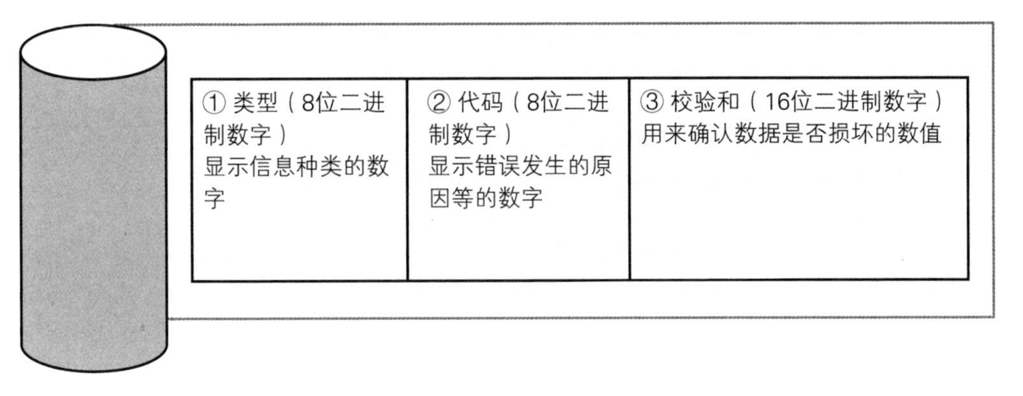

① 类型（8位二进制数字）
显示信息种类的数字
② 代码（8位二进制数字）
显示错误发生的原因等的数字
③ 校验和（16位二进制数字）
用来确认数据是否损坏的数值

≫ 主要类型一览表

虽然包头的基本结构，ICMP及ICMPv6是共通的，但在类型方面，因为ICMPv6中重新做了规定，所以不同。

类型		信息的种类	含义
ICMP	ICMPv6		
3	1	无法到达	IP数据包无法到达收件人处
5	137	重定向	找到了比现在的路径更合适的路径
11	3	超时	扔掉了经过一定数量的路由器的IP数据包
8	128	回显请求	此信息到达后，请发送到达通知
0	129	回显应答	信息平安到达

注：通过ping命令（参考P.123）使用。

调查链接情况的命令“ping”及调查信息发送路径的命令“tracert”（UNIX中是“traceroute”）利用ICMP信息反馈结果。

～ ping的情况（ICMP的例子）～

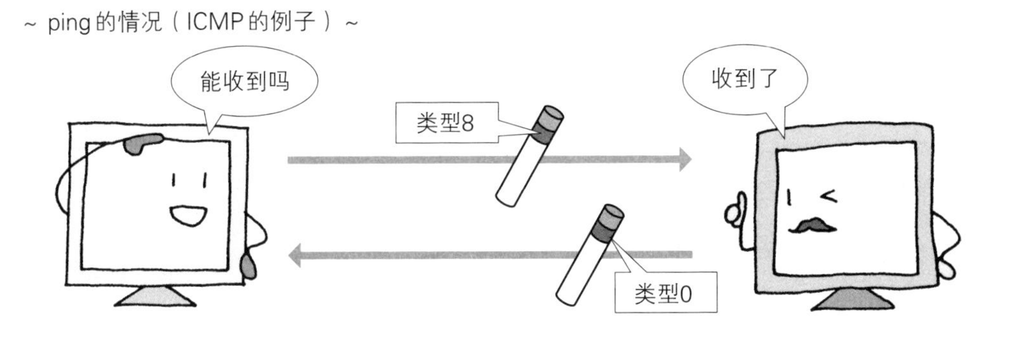

能收到吗
收到了
类型8
类型0

192.168.15.10

IP地址的设置

对IP地址的设置，有固定分配及只在需要的时候自动分配两种方法。

固定分配

对各个计算机分配固定的IP地址时，必须单独设置。

127.1x.xx.6

127.1x.xx.5

127.1x.xx.7

如果网络较大，管理起来会很困难

自动分配

除上述情况外，还可以使用只在必要的时候，自动分配IP地址的协议DHCP（Dynamic Host Configuration Protocol）这一方法（以IPv4为例）。采用这种办法时，在链接网络的同时，自动执行必要的设置。

127.1x.xx.5

DHCP 客户
向DHCP服务器索要IP地址，服务器临时分配一个过来

DHCP服务器
按照客户的要求，借出IP地址，提供子网掩码的设置信息等

DHCP 的机制

DHCP客户发出要求时，将“255.255.255.255”作为收件人的IP地址。此地址称为广播传输地址，是为了向同一个LAN内的所有设备发送信息的特殊的IP地址。收到要求后，只有DHCP服务器会应答。

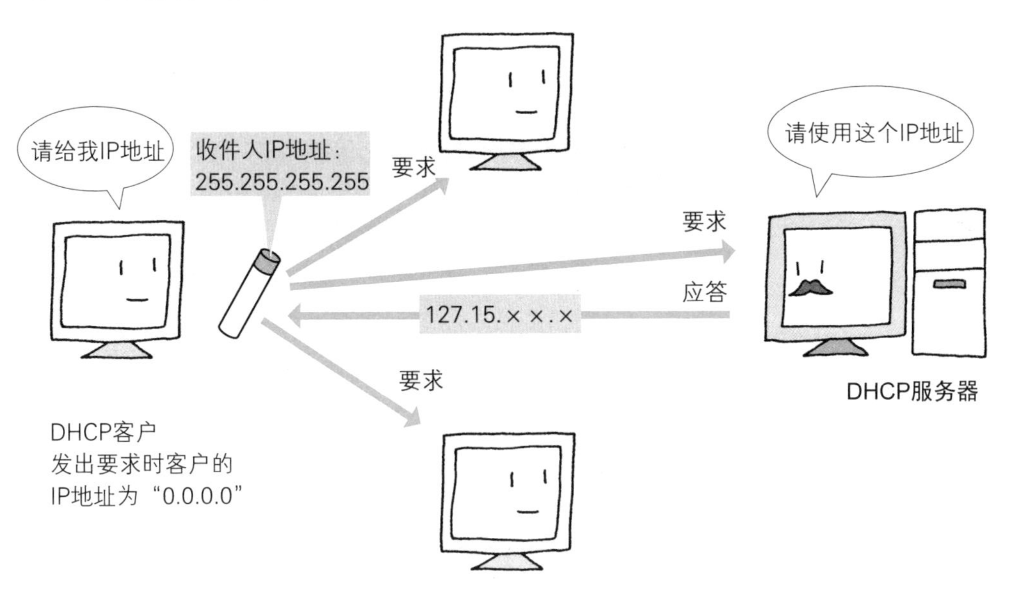
请给我IP地址
收件人IP地址：
255.255.255.255
要求
请使用这个IP地址
要求
应答
127.15.××.×
要求
DHCP服务器
DHCP客户
发出要求时客户的
IP地址为“0.0.0.0”

被赋予IP地址的DHCP客户会再次向IP地址“255.255.255.255”发送确认信息。接到此信息，DHCP服务器应答之后，通信结束。

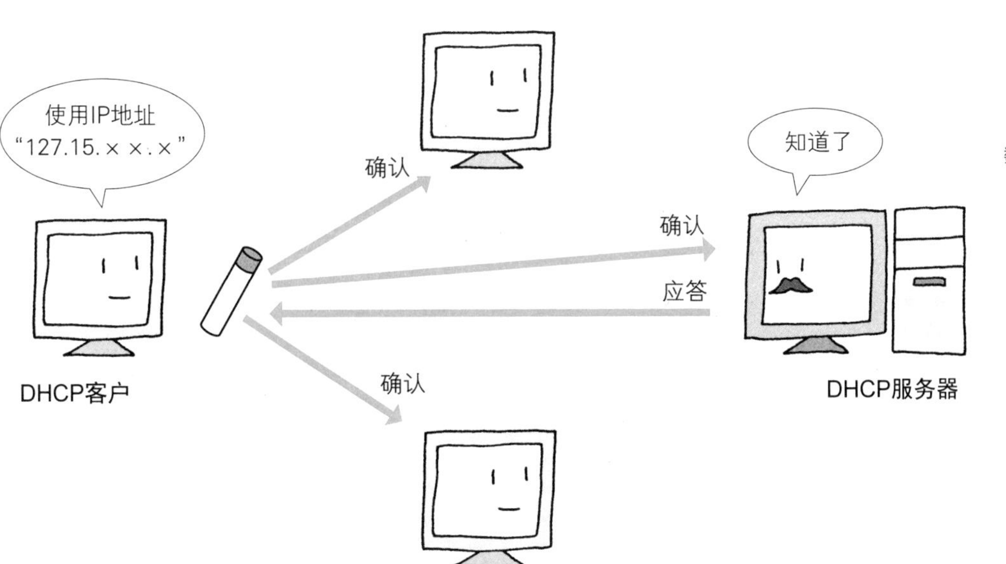
使用IP地址
“127.15.××.×”
确认
知道了
确认
应答
确认
DHCP客户
DHCP服务器

以上内容是针对IPv4情况进行的介绍。
IPv6中自动分配IP地址时，使用DHCPv6（P.183）。

TCP/IP概要
通信服务与协议
应用层
传输层
5
网络层
数据链路层及物理层
路由选择
安全性

192.168.15.10

网络的细分

本节将介绍管理公司内部网络等大型网络时较为方便的机制、子网。

细分网络

例如，使用叫作“127.15.4.0 ~ 127.15.4.255/24”的IP地址构建网络时，有254台设备能够连接到拥有“127.15.4”这一网络地址的单个网络上。（因为0与255不能作为固定的地址使用，所以就变为256−2台）

规模变大后，感觉管理起来很费劲

254台

但实际上，很少有情况需要用到这么大规模的网络，这时就可以利用子网这一机制，处理一个一个虚拟的小的网络集合体。

各个网络用路由器连接

公司等使用较大规模的网络时，通过子网以部门或楼层为单位进行细分化管理会比较容易。

构建子网

构建子网时，需要用到P.105中介绍的子网掩码。利用子网掩码增加虚拟的网络部分后，会变为如下形态。

127.15.4.0～127.15.4.255/24

0	1	1	1	1	1	1	1	0	0	0	0	1	1	1	1	0	0	0	0	0	1	0	0	0	0	0	0	0	0	0	0

可以链接254台设备的单个网络

加上想要增加的二进制数字数量

网络部分会增加4位二进制数字

127.15.4.0～127.15.4.255/28

0	1	1	1	1	1	1	1	0	0	0	0	1	1	1	1	0	0	0	0	0	1	0	0	0	0	0	0	0	0	0	0

子网只是网络内部的规则，从外部来看，仍然是一个大网络

此部分管理者可自由设置

可以构建链接16台设备的16个网络

127.15.4.17 | 127.15.4.30

127.15.4.65 | 127.15.4.78

127.15.4.33 | 127.15.4.46

127.15.4.1 | 127.15.4.

127.15.4.49 | 127.15.4.62

以上内容是针对IPv4情况进行的介绍。如果是IPv6，则正如P.107中介绍的，为“/64”。

TCP/IP概要
通信服务与协议
应用层
传输层
5 网络层
数据链路层及物理层
路由选择
安全性
附录

192.168.15.10

LAN内部的地址

内部LAN等有些是只能在有限的网络内使用的IP地址。

私有地址

IPv4中，仅在公司内部或者家庭内部等有限的网络规模中有效的IP地址叫作私有地址。与P.104中介绍的不能重复的IP地址（全局地址）相比，私有地址在不同的网络中可以重复。

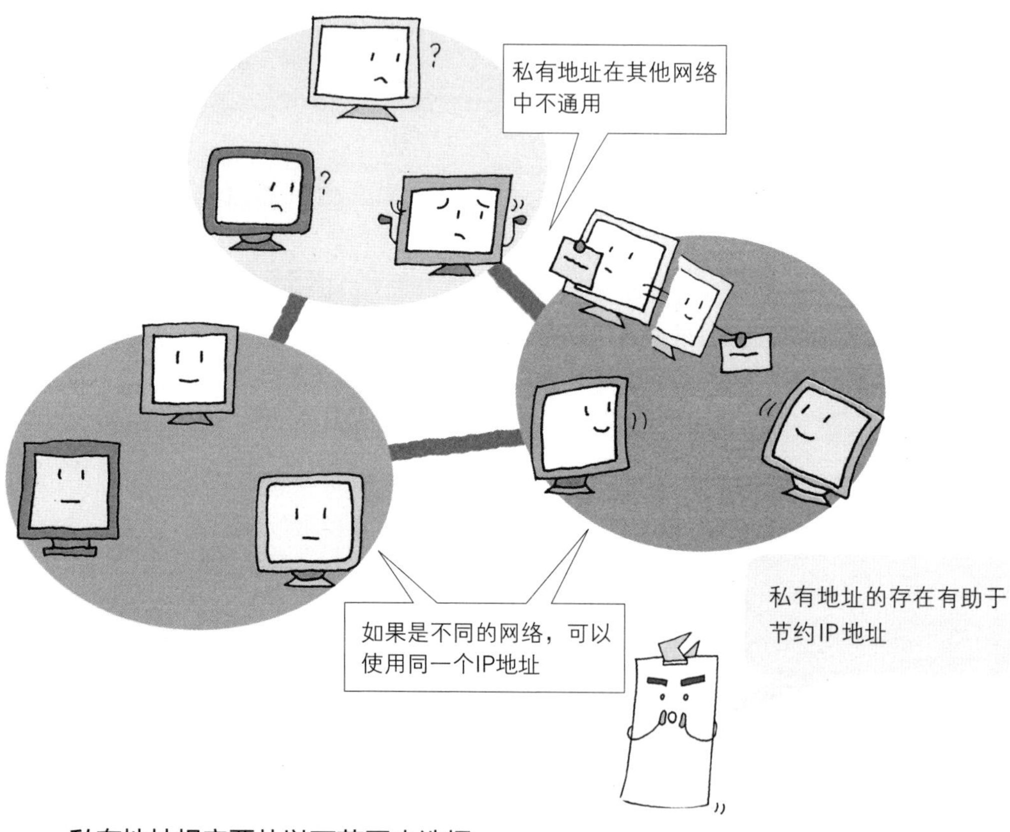
私有地址在其他网络中不通用
如果是不同的网络，可以使用同一个IP地址
私有地址的存在有助于节约IP地址

私有地址规定要从以下范围内选择

10.0.0.0 ~ 10.255.255.255
172.16.0.0 ~ 172.31.255.255
192.168.0.0 ~ 192.168.255.255

此范围内的地址无法作为全局地址使用

将私有地址链接到全局地址

因为私有地址是无法直接链接到英特网上的，所以需要利用以下机制。大部分的路由器中都带有这些功能。

≫ NAT（Network Address Translation）

此机制是让私有地址与全局地址一一对应并转化的机制。只要不超过所确保的全局地址的数量，就可以将多个计算机同时链接到英特网上。

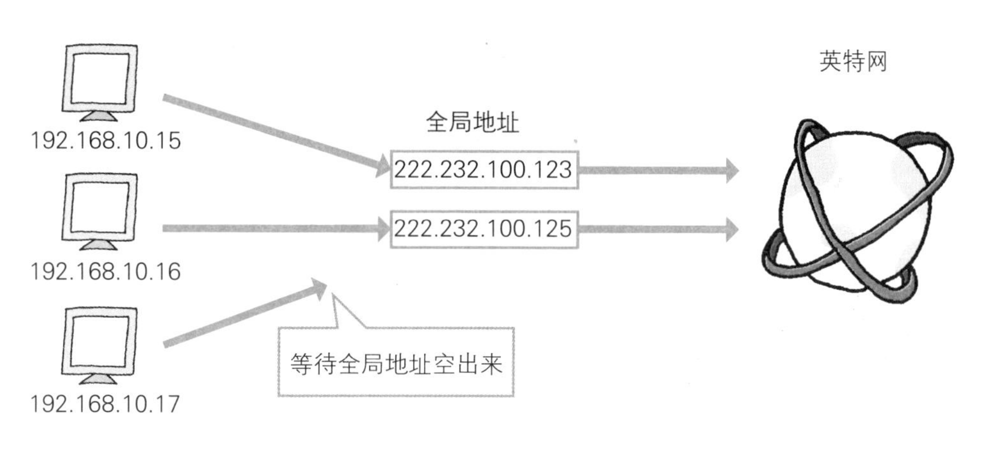

英特网
全局地址
192.168.10.15
222.232.100.123
192.168.10.16
222.232.100.125
192.168.10.17
等待全局地址空出来

≫ NAPT（Network Address Port Translation）

此机制是能够使用1个全局地址同时链接多个计算机的机制。因为是通过端口号来识别各个计算机的，所以可以同时使用同一个全局地址。

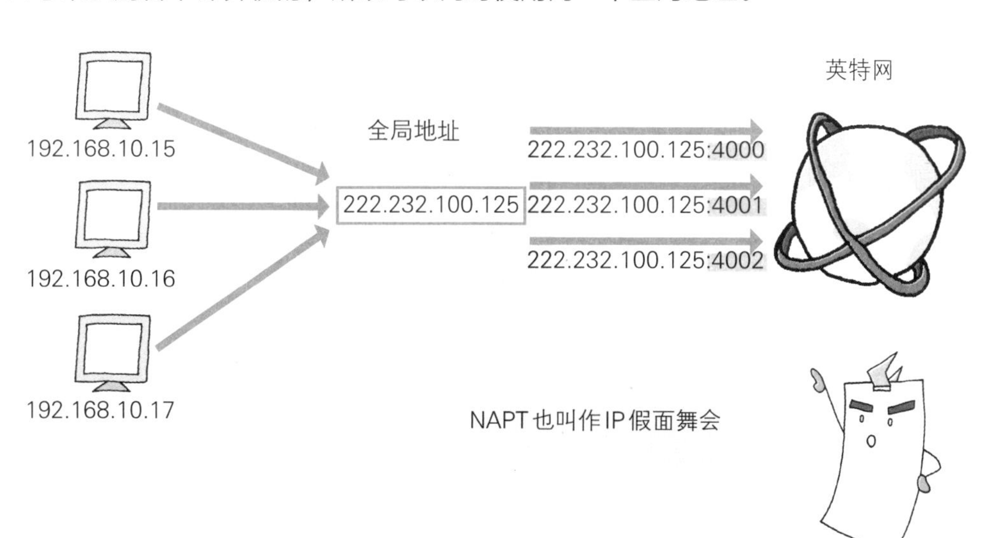

英特网
全局地址
192.168.10.15
222.232.100.125:4000
222.232.100.125
222.232.100.125:4001
192.168.10.16
222.232.100.125:4002
192.168.10.17
NAPT也叫作IP假面舞会

名称解决方案

192.168.15.10

因为数字的IP地址很难处理，所以开发了用文字替代数字的机制。让我们来一起学习一下IP地址相关的知识吧。

IP 地址与域名

把IP地址与域名对应起来的服务叫作DNS（Domain Name System）。

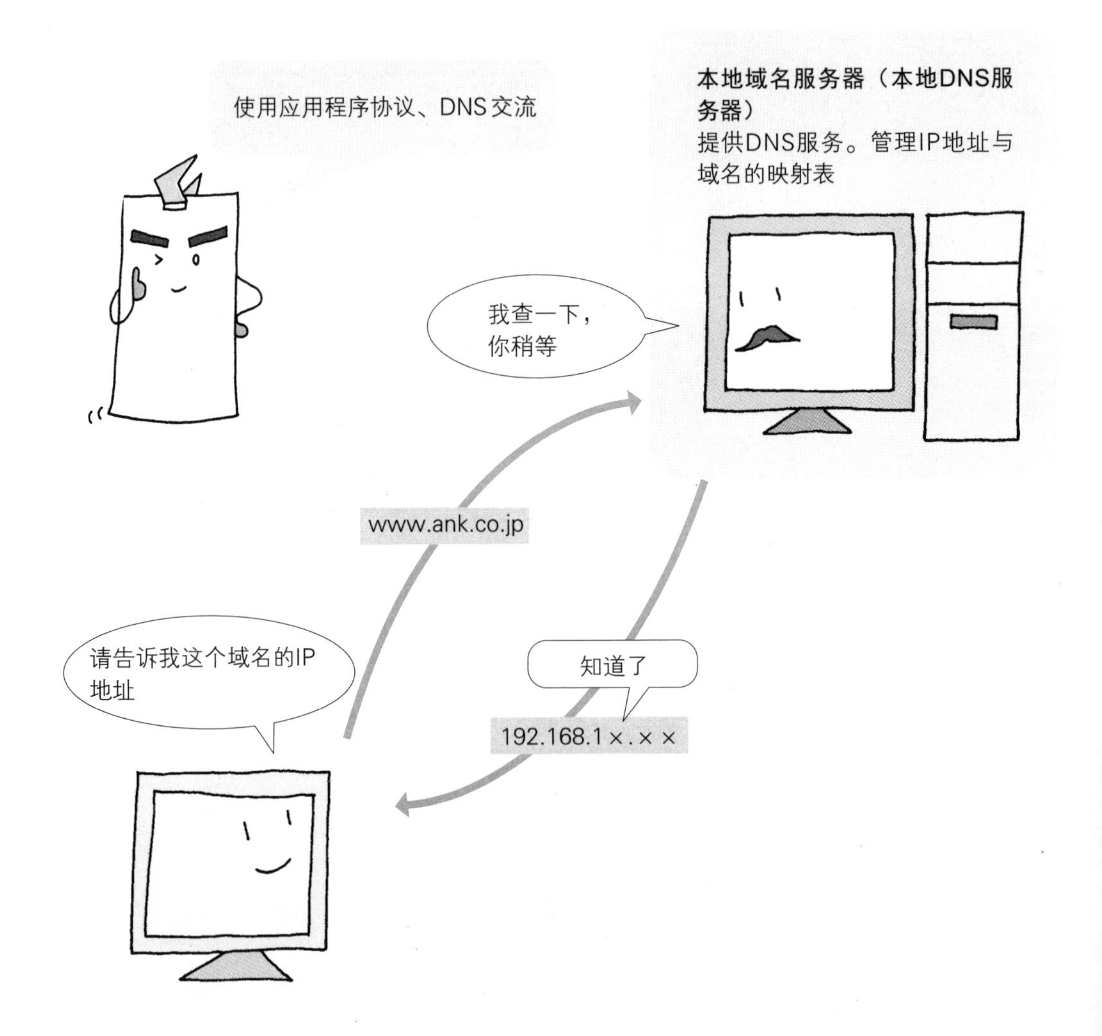

使用应用程序协议、DNS交流
本地域名服务器（本地DNS服务器）
提供DNS服务。管理IP地址与域名的映射表
我查一下，你稍等
www.ank.co.jp
请告诉我这个域名的IP地址
知道了
192.168.1×.××

与客户直接交流的是本地域名服务器。但因为不可能在1台计算机上管理数十亿庞大的IP地址，所以实际上是与多个域名服务器合作提供服务的。

直到找到 IP 地址

本地域名服务器被问到自己的映射表中没有的域名时，首先会询问整体管理DNS的根服务器。例如，让我们来看一下询问www.ank.co.jp的IP地址时的处理流程吧。

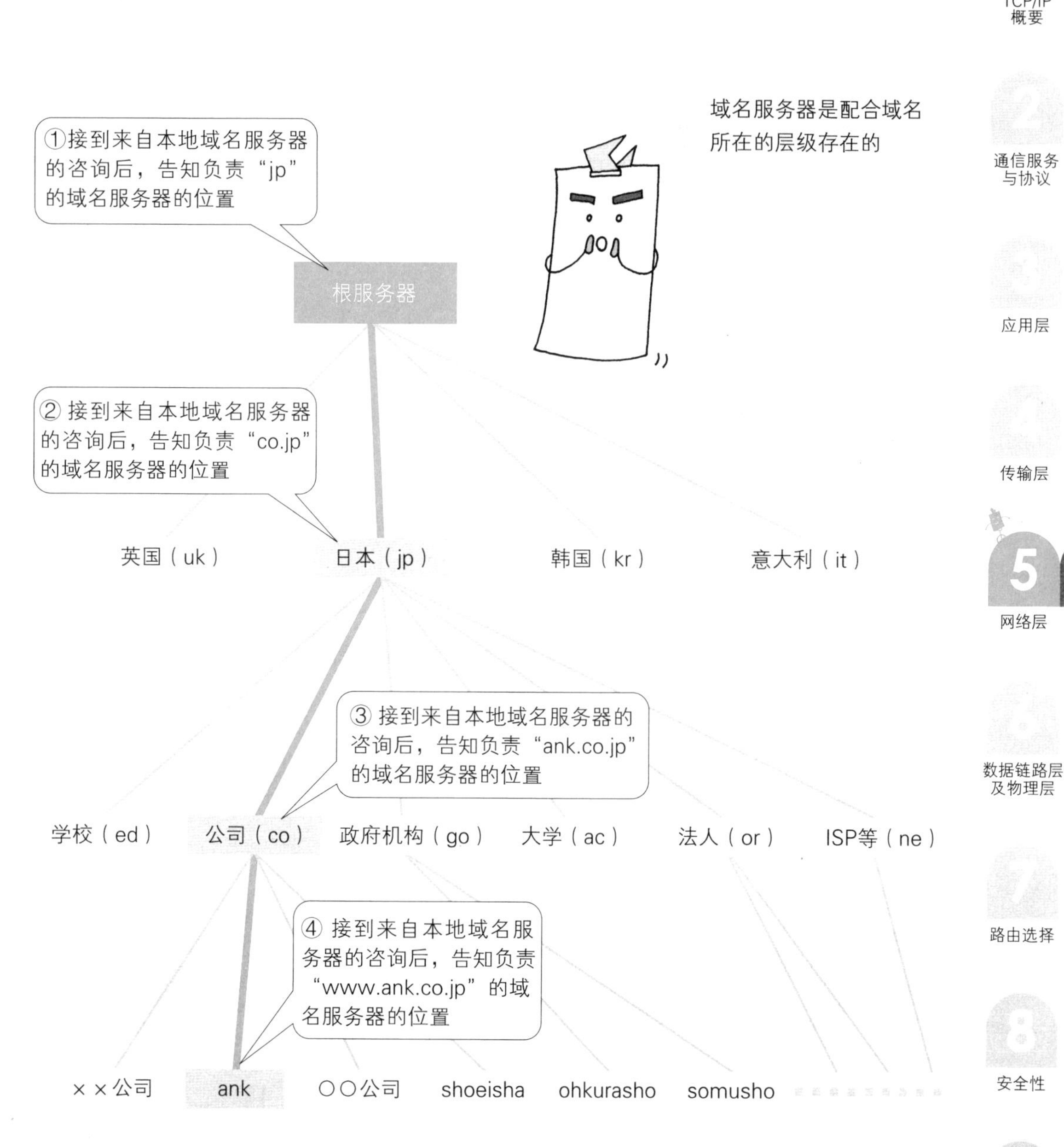

域名服务器是配合域名所在的层级存在的
①接到来自本地域名服务器的咨询后，告知负责“jp”的域名服务器的位置
根服务器
② 接到来自本地域名服务器的咨询后，告知负责“co.jp”的域名服务器的位置
英国（uk）
日本（jp）
韩国（kr）
意大利（it）
③ 接到来自本地域名服务器的咨询后，告知负责“ank.co.jp”的域名服务器的位置
学校（ed）
公司（co）
政府机构（go）
大学（ac）
法人（or）
ISP等（ne）
④ 接到来自本地域名服务器的咨询后，告知负责“www.ank.co.jp”的域名服务器的位置
××公司
ank
○○公司
shoeisha
ohkurasho
somusho

就像这样，通过多个域名服务器，最终到达管理目标域名的域名服务器，调查IP地址。所以，上一级域名服务器中登记有其下一级服务器的IP地址。

ifconfig、ping命令

192.168.15.10

ifconfig是调查自己的计算机的链接情况的命令，ping是调查希望通信的对方计算机的链接情况的命令。

ipconfig 命令

ipconfig命令是用来在Windows上显示TCP/IP的设置相关信息的命令。(UNIX/Linux上是“ifconfig”）在这里，让我们看一下在Windows 10的Powershell上执行时的情况吧。

```
PS C:¥> ipconfig
```

先尝试输入吧

≫ 结果

无法链接到网络时，可以试一下。

```
PS C:¥> ipconfig

Windows IP配置

    以太网  适配器  以太网 :  ←—— 显示可以使用的网络
    链接特定的DNS后缀 …… :
    本地链接IPv6地址 ……… : fe80::2595:1ee9:50c6:1619%8
    IPv4地址 ………………… : 192.168.168.56
    子网掩码………………… : 255.255.255.0
    默认网关………………… : 192.168.168.1
```

可以了解自己的IP地址及子网掩码等信息

ping命令

ping命令是调查网络上是否存在某特定的计算机，以及如果存在时显示该计算机通信情况等的命令。使用时要用到ICMP消息（参考P.112）。

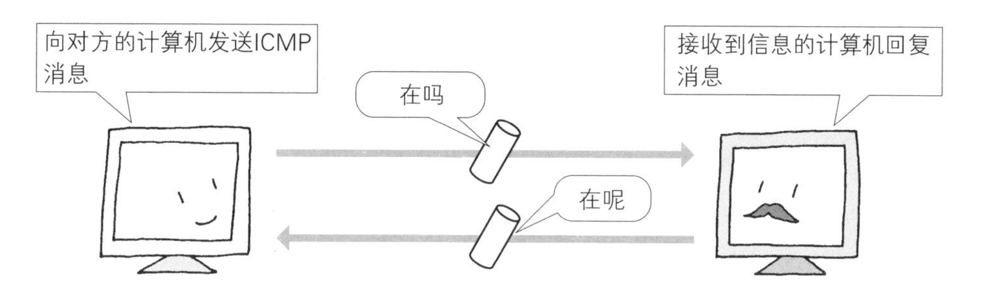
向对方的计算机发送ICMP消息
在吗
接收到信息的计算机回复消息
在呢

» 结果

网页无法显示时可以试一下。

从上往下一行一行按照顺序显示出来

用半角空格隔开

```
PS C:¥> ping www.shoeisha.co.jp

向www.shoeisha.co.jp［210.196.98.82］发送ping具有32位二进制数字的数据：
来自210.196.98.82的回复：二进制数字=32时间=1ms TTL=53
来自210.196.98.82的回复：二进制数字=32时间=1ms TTL=53
来自210.196.98.82的回复：二进制数字=32时间=1ms TTL=53
来自210.196.98.82的回复：二进制数字=32时间=9ms TTL=53

210.196.98.82的ping统计信息：
数据包：已发送=4、已接收=4、丢失=0（0%丢失）
往返行程的估计时间（以毫秒为单位）：
最短=1ms，最长=9ms，平均=3ms
```

← 在ping后边输入域名或者IP地址

显示ICMP消息的反馈结果

没有回复时，显示为“要求超时”

显示通信情况

注：以上是示例。实际上无法从“www.shoeisha.co.jp”中得到以上结果。

为了防止恶意用户滥用信息，管理者有时会禁止ICMP的交流。

就算接到了ICMP消息，也不会回复

专 栏

~ Bluetooth ~

最近，因为通信已经不需要使用线缆了，所以利用无线手段的数据交流普及开来。无线通信中常用的技术之一就是Bluetooth。

Bluetooth是以爱立信、IBM、英特尔、诺基亚、东芝这5个公司为中心，制定的近距离无线通信的规范。现在，Bluetooth SIG（Special Interest Group）负责规范的制定以及Bluetooth相关技术的认证等。

在Bluetooth普及之前，用于无线通信的红外线（IrDA）只能在非常近的距离内进行通信。而且接口部分需要面向对象设备，中间如果有障碍物就无法通信。

与此相比，Bluetooth使用微波炉也在使用的2.45GHz波段的电波通信。不需要将接口对准，也不需要考虑两者中间是否存在障碍物，短至几米，长至几十米的范围内均可通信。虽然没有Wi-Fi速度快，但是用电量少，适合小型设备，多用于智能手机、平板电脑、PC、鼠标以及键盘之类的周边设备、音响设备、头戴式耳机等各种连接设备。

Bluetooth产品的规格中比较重要的几项是“版本”“Class”“配置文件”。

- 版本　规定了通信方式及通信速度。从最初的1.0到最新的5.0，有多个版本。现在主要用的是4.0/4.1/4.2版本。
- Class　显示电波强度及最远通信距离。Class 1约100m，Class 2约10m，Class 3约1m。
- 配置文件　类似于使用Bluetooth交换信息的通信规则。Bluetooth在各种设备上均有应用。例如，“A2DP”是向头戴式耳机/耳塞式耳机发送立体声的协议，“HID”用于鼠标及键盘等的输入设备的无线化，各个功能分别规定有不同的协议。通信的双方设备需要支持同样的配置文件。

以上要素组合后的结果决定了是否可以通信。在讨论使用Bluetooth产品时，最好提前确认一下。

6

数据链路层及物理层

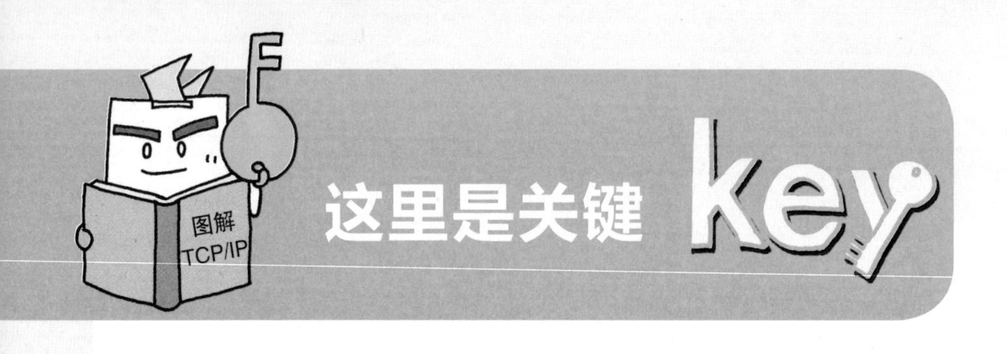
图解
TCP/IP
这里是关键
key

入乡随俗

让我们先来复习一下之前讲过的各层的职能。“应用层：实现服务”→“传输层：将数据发送给对方（支持各种服务实现的应用协议）”→“网络层：将数据送达收件人计算机”。本章中，我们将继续介绍更下一层的数据链路层及物理层的职能。

我们经常使用网络这个词汇，虽然统称为网络，但实际上根据所使用的通信媒体及链接方法的不同，网络可以细分为多个种类。而且，就像国家不同，文化及法律就不同一样，不同种类的网络通信方式各异。基于同一个规则链接起来的整体叫作数据链路，应对数据链路中的本地规则就是数据链路层的协议。而实现“入乡随俗”的效果就是数据链路层的职责。

?

另一个地址

将计算机链接到网络上时，有使用线缆或者使用电波等多种方法。不管采用哪种方法，在链接部分都需要使用叫作网络接口卡（NIC）的设备。提到“卡”，有些人可能想象成类似银行卡的东西，但实际上一般指的是带线缆接口的基板。

所有的NIC在出厂时就被各自的生产商分配好了固定的编号。这个编号叫作MAC地址，其被用于在链路层中判断收件人地址，可以认为是类似网络层中的IP地址之类的存在。在本章中，让我们来看下如何通过使用MAC地址将信息发送至收件人处。

除了链路层之外，本章中还会对TCP/IP最下层的物理层进行介绍。需要注意的是，此层中没有特定的协议，其功能的发挥很大程度上依赖于设备本身的配置，对于这一层，只要能够认识到“是与数据链路层作为一体来发挥作用的层”就可以了。

到此为止，我们终于下潜到了TCP/IP 五层结构中的最深处。接下来的世界是我们平时肉眼看不到的。让我们充分发挥想象力，继续愉快地学习吧。

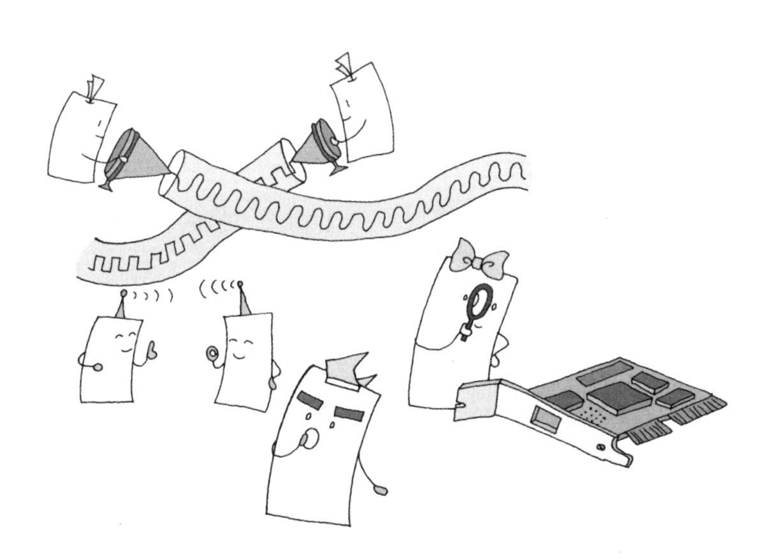

数据链路层的作用

本节将介绍位于网络层下方的数据链路层的作用。

消弭网络之间的不同

将各个设备链接起来的方法有好几种，用同一种方法链接起来的整体叫作数据链路。消弭不同数据链路之间的不同，让网络层及之上的层发觉不到不同点，就是数据链路层的职责。

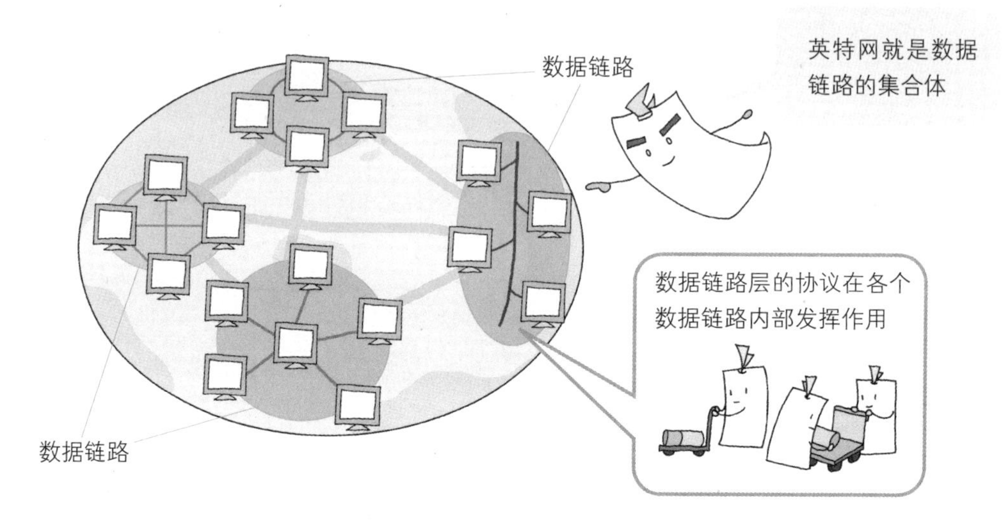
数据链路
英特网就是数据链路的集合体
数据链路层的协议在各个数据链路内部发挥作用
数据链路

链接网络层与物理层的桥梁

数据链路层中，在数据上追加了包头后的部分叫作帧。

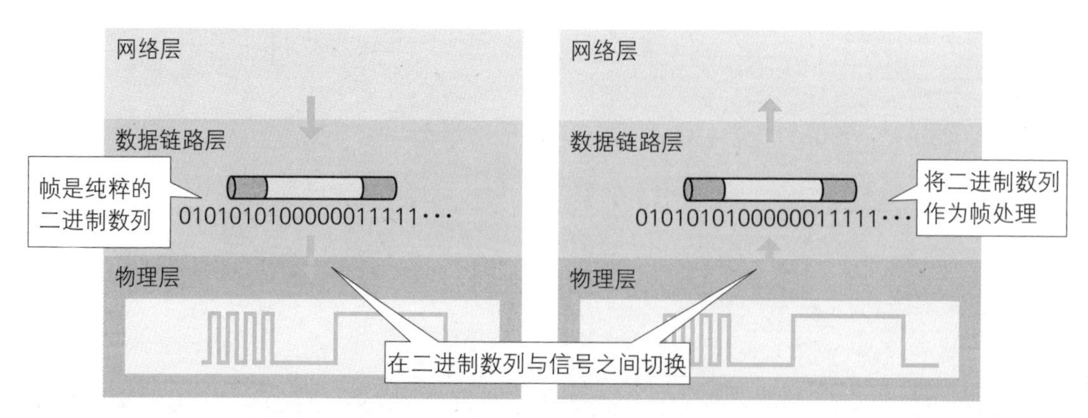
网络层
数据链路层
帧是纯粹的二进制数列
0101010100000011111···
物理层
网络层
数据链路层
将二进制数列作为帧处理
0101010100000011111···
物理层
在二进制数列与信号之间切换

数据链路层的协议

在数据链路中，数据链路层的协议决定了数据的交换方式。此外，需要在数据链路内部识别设备时，要使用MAC地址。

包头中写有数据交流所需的信息

这个部分也是一个数据链路

数据的流动方式及接收方法因协议不同而不同

数据链路与物理层

传递信号的介质统称为通信媒体。物理层指的是通信媒体本身。

物理层

在数据链路中有信号流动的部分叫作物理层。在这里完成二进制数列与信号的转换，转换方法取决于设备本身的配置，没有固定的协议。

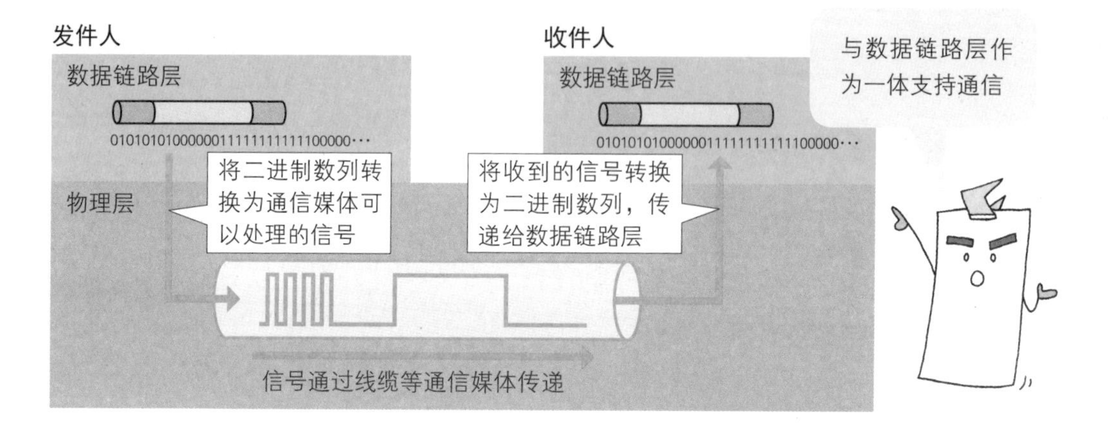
发件人
数据链路层
0101010100000011111111111100000…
将二进制数列转换为通信媒体可以处理的信号
物理层
收件人
数据链路层
0101010100000011111111111100000…
将收到的信号转换为二进制数列，传递给数据链路层
与数据链路层作为一体支持通信
信号通过线缆等通信媒体传递

物理层因其与其他层的性质不同，有时被当作数据链路层的一部分看待，有时被认为不属于TCP/IP的层。

构成数据链路的要素

数据链路是由以下要素构成的。

≫ 网络节点

网络节点就是数据链路上的设备，具体指计算机及路由器等。

计算机

通信管理用的设备（路由器等）

≫ 通信媒体

指的是链接网络节点的线缆等。线缆的两端安装有链接节点用的端子。

- 金属丝线缆（主要是铜线）

通过电压的变化传递信号。
因为波形容易变形，所以长距离传输时需要用到信号的增幅、修正设备（中继器）。

高
电压
低
受材质影响，信号会发生衰减
受周围环境影响，波形会变形
传送方向

- 光纤线缆（玻璃）

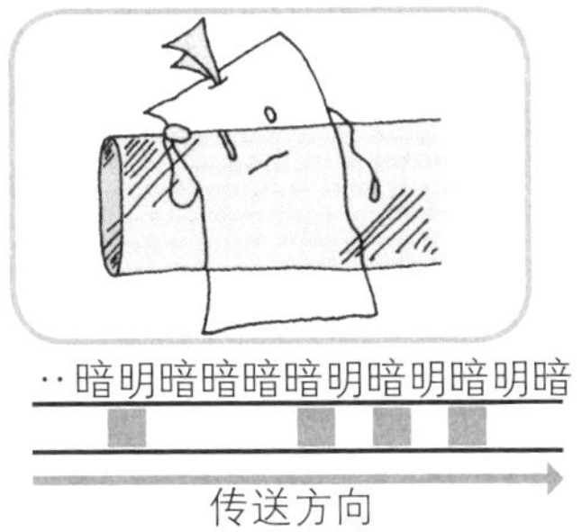
··暗明暗暗暗暗明暗明暗明暗
传送方向

通过光的闪烁传递信号。
可以远距离传送，不受周围电波的影响。

光纤比金属丝要贵

- 无线

不使用线缆，通过电波或者红外线传递信号。
能否通信受到网络节点间的距离、障碍物的有无及周围电波的影响。

≫ 链接网络节点与通信媒体的设备

执行二进制数列与信号的转换。具体来说，有网卡（NIC）及调制解调器等。

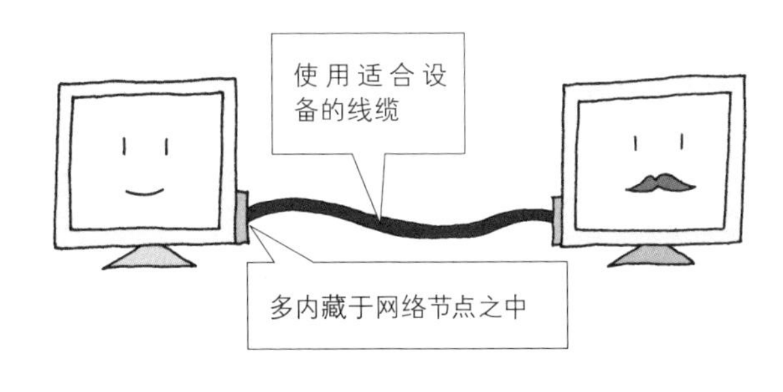
使用适合设备的线缆
多内藏于网络节点之中

网络层的入口

所有的数据都是通过叫作NIC的设备进出计算机的。除了IP地址之外，NIC也被分配了固定的编号。

将二进制数列转换为信号

计算机接入网络的入口是一个叫作网络接口卡（NIC）的设备，也叫作LAN卡或者网络适配器。

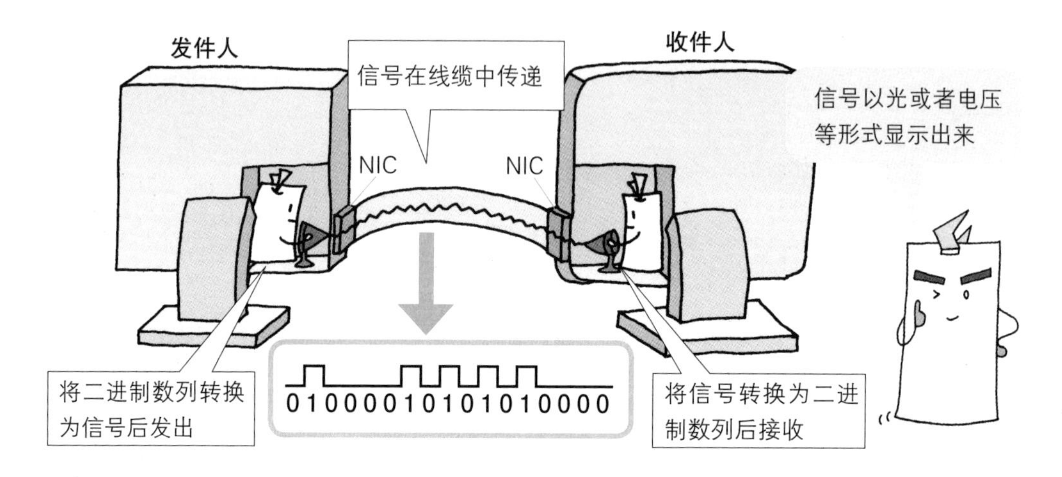

发件人
收件人
信号在线缆中传递
信号以光或者电压等形式显示出来
NIC
NIC
将二进制数列转换为信号后发出
0100000101010100000
将信号转换为二进制数列后接收

MAC 地址

NIC中被分配有叫作MAC（Media Access Control）地址的固定编号。数据链路层通过使用此编号锁定设备。跨越到不同网络时，进入数据链路内部之后，需要使用的地址从IP地址变为了MAC地址。MAC地址由48位二进制数字构成，每8位二进制数字用“:（冒号）”或者“-（连字符）”隔开，以十六进制数字形式显示。

67:89:ab:cd:ef:01

01100111 10001001 10101011 11001101 11101111 00000001

组织唯一标识符（1～24二进制数列）
识别生产商的号码
由叫作IEEE的组织分配

扩展标识符（25～48二进制数列）
识别设备的号码
生产商自行分配

因为该地址是在产品出厂时被分配的，所以无法更改

使用 MAC 地址确认收件地址

数据链路层中的大多数协议都通过使用MAC地址来实施以下交流。

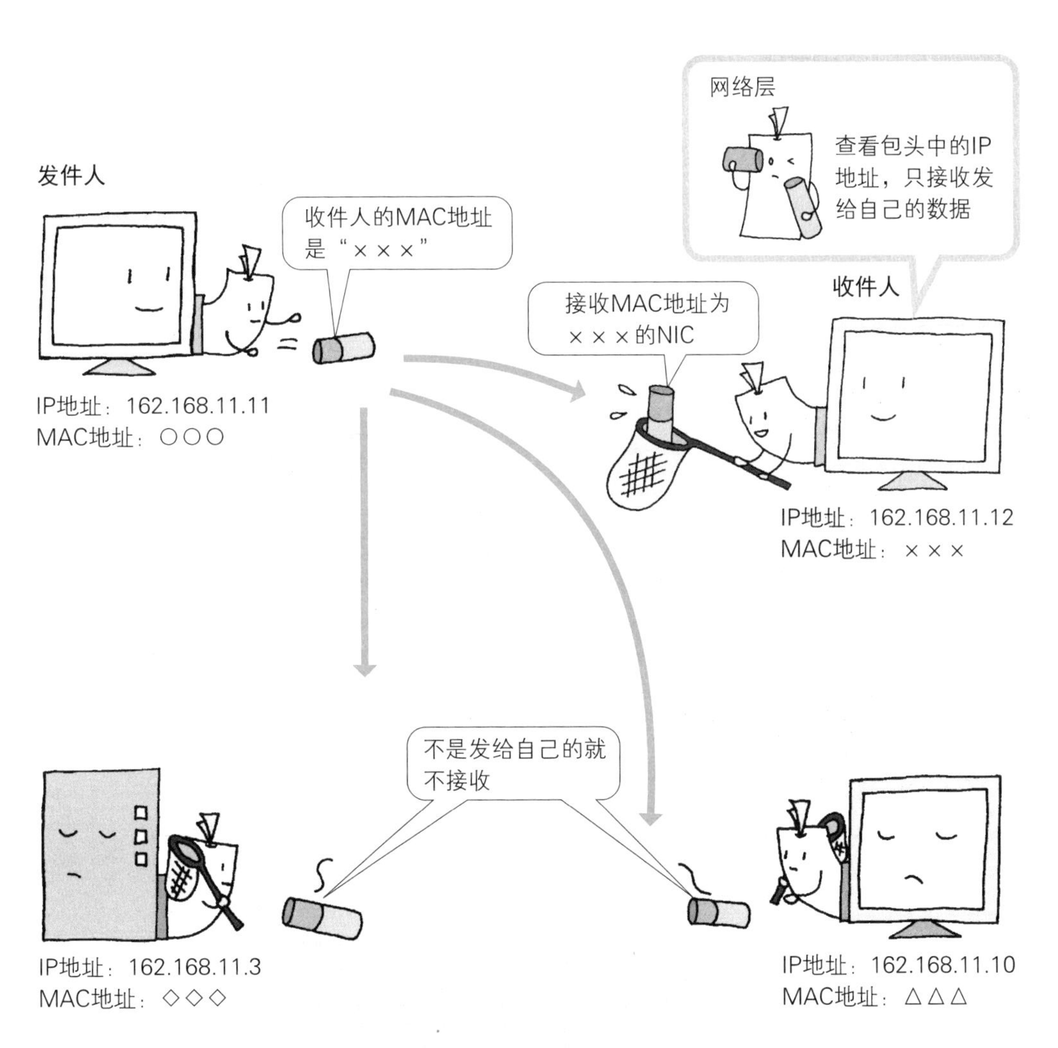

网络层
查看包头中的IP地址，只接收发给自己的数据
发件人
收件人的MAC地址是“×××”
收件人
接收MAC地址为×××的NIC
IP地址：162.168.11.11
MAC地址：○○○
IP地址：162.168.11.12
MAC地址：×××
不是发给自己的就不接收
IP地址：162.168.11.3
MAC地址：◇◇◇
IP地址：162.168.11.10
MAC地址：△△△

类似于网络层中的IP地址

查询MAC地址

“知道对方的IP地址，但是不知道其MAC地址……”，为了解决这个问题，ARP诞生了。

广播传输 MAC 地址

能够向同一数据链路内的所有设备发送信息的MAC地址叫作广播传输MAC地址。广播传输MAC地址的所有二进制数列中每位都是1，显示为“ff:ff:ff:ff:ff:ff”。

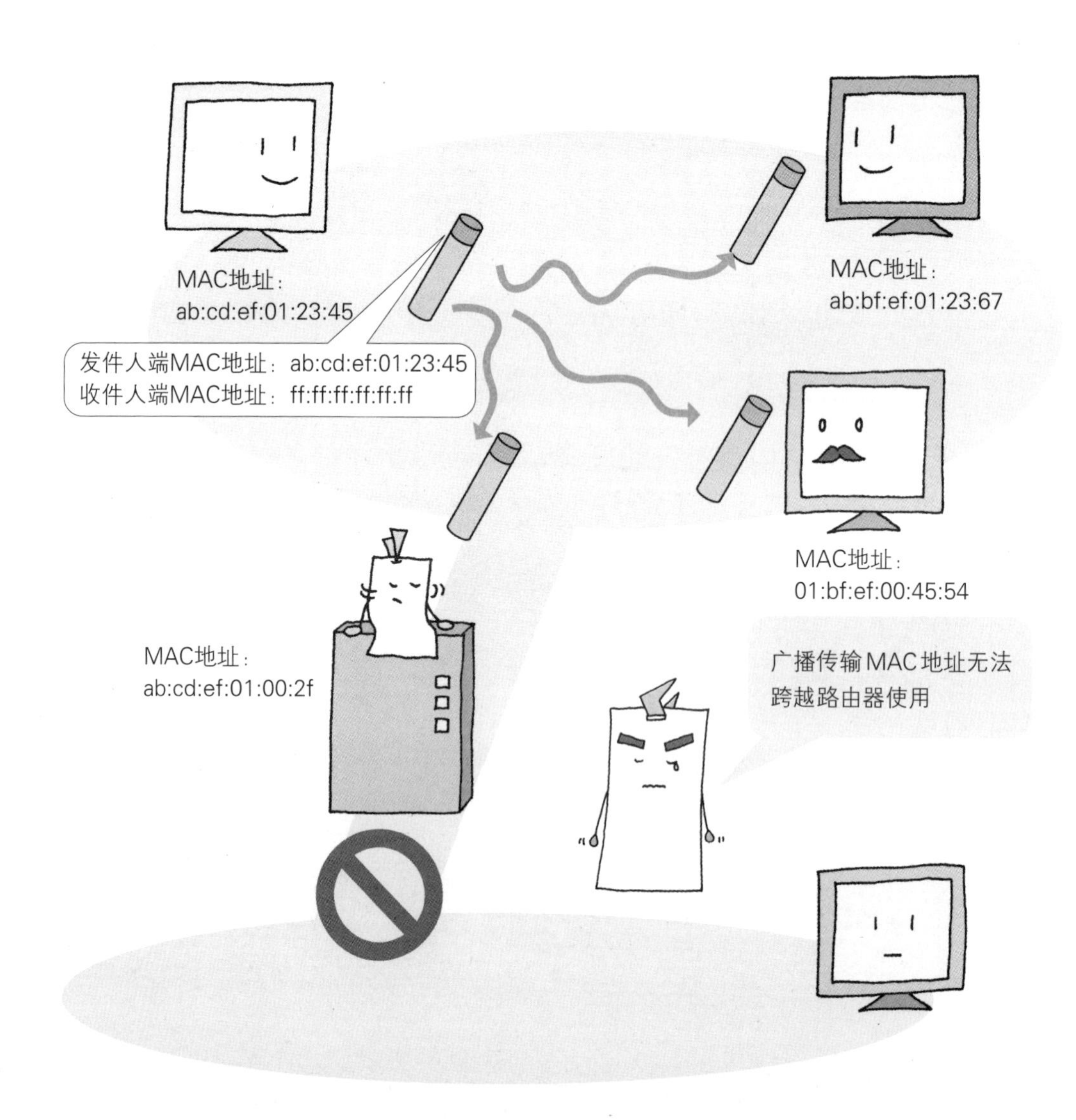

MAC地址：
ab:cd:ef:01:23:45
发件人端MAC地址：ab:cd:ef:01:23:45
收件人端MAC地址：ff:ff:ff:ff:ff:ff
MAC地址：
ab:bf:ef:01:23:67
MAC地址：
01:bf:ef:00:45:54
MAC地址：
ab:cd:ef:01:00:2f
广播传输MAC地址无法
跨越路由器使用

查询收件人的MAC地址

在数据链路中，因为是通过MAC地址来锁定设备的，所以无法只靠IP地址就将数据送达收件人。通过IP地址查询对方的MAC地址时，要用到ARP（Address Resolution Protocol）协议。

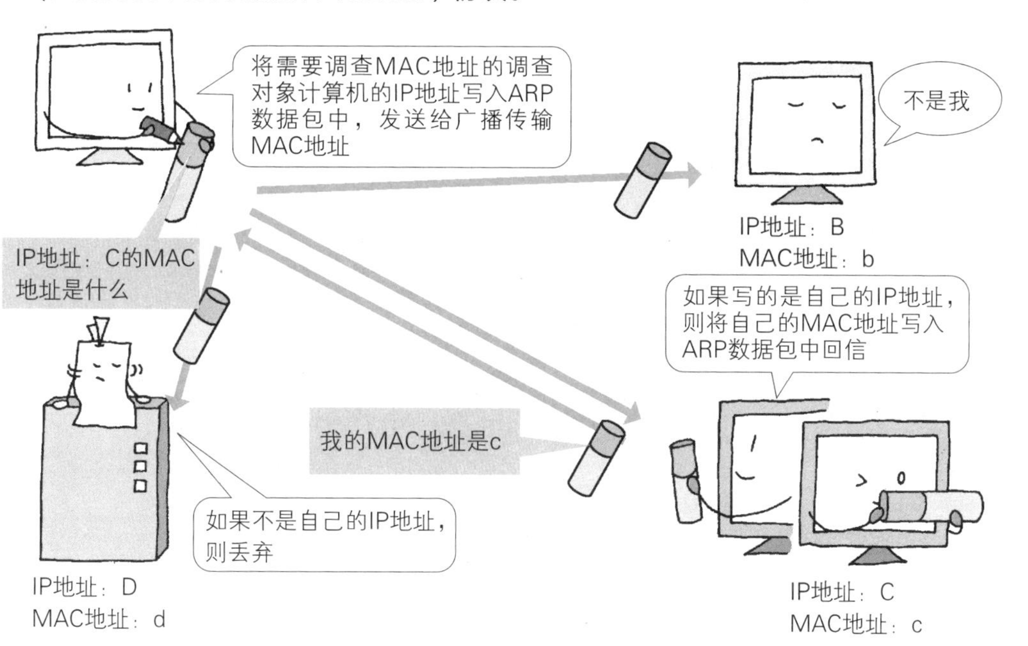

将需要调查MAC地址的调查对象计算机的IP地址写入ARP数据包中，发送给广播传输MAC地址
IP地址：C的MAC地址是什么
不是我
IP地址：B
MAC地址：b
如果写的是自己的IP地址，则将自己的MAC地址写入ARP数据包中回信
我的MAC地址是c
如果不是自己的IP地址，则丢弃
IP地址：D
MAC地址：d
IP地址：C
MAC地址：c

ARP数据包在数据链路层的协议中胶囊化后发送出去。

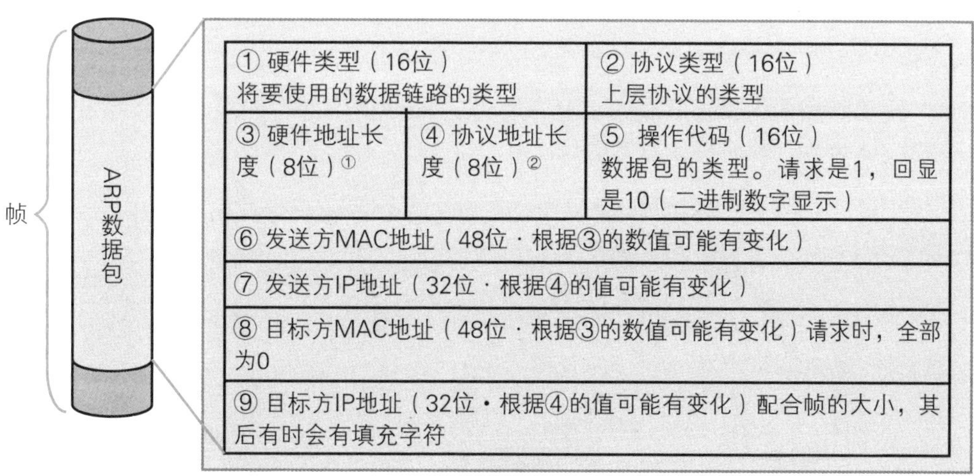

帧
ARP数据包

① 硬件类型（16位） 将要使用的数据链路的类型		② 协议类型（16位） 上层协议的类型
③ 硬件地址长度（8位）①	④ 协议地址长度（8位）②	⑤ 操作代码（16位） 数据包的类型。请求是1，回显是10（二进制数字显示）
⑥ 发送方MAC地址（48位·根据③的数值可能有变化）		
⑦ 发送方IP地址（32位·根据④的值可能有变化）		
⑧ 目标方MAC地址（48位·根据③的数值可能有变化）请求时，全部为0		
⑨ 目标方IP地址（32位·根据④的值可能有变化）配合帧的大小，其后有时会有填充字符		

① 以字节显示MAC地址的大小。

② 以字节显示上层协议中被使用的地址的大小。

在IPv6中，不使用ARP协议，而使用ICMPv6（P.112）的邻居发现（ND: Neighbor Discovery）功能来解决同样的MAC地址问题。

网络的链接方式

本节将介绍计算机基本的链接方式。链接起来的各个设备叫作节点。

总线型

从作为中轴的线缆中分出支线，各个支线链接各个节点。

节点的安装与拆卸
比较简单

环型

相邻节点两两相连，最后链接成环型。在环型内部，只要一个节点发生故障或者线缆断线，整体将无法通信。

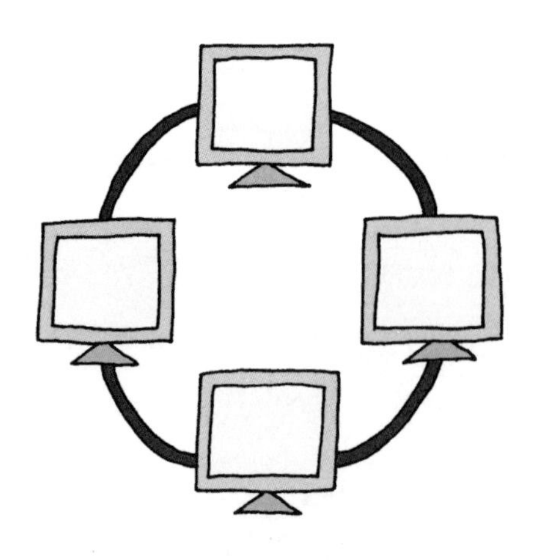

节点也变成了路径的
一部分

星型

通过一个节点（一般情况下是集线器）链接其他的节点。优点是可以实现网络的集中管理，缺点是如果中心节点发生故障，会影响到整体。

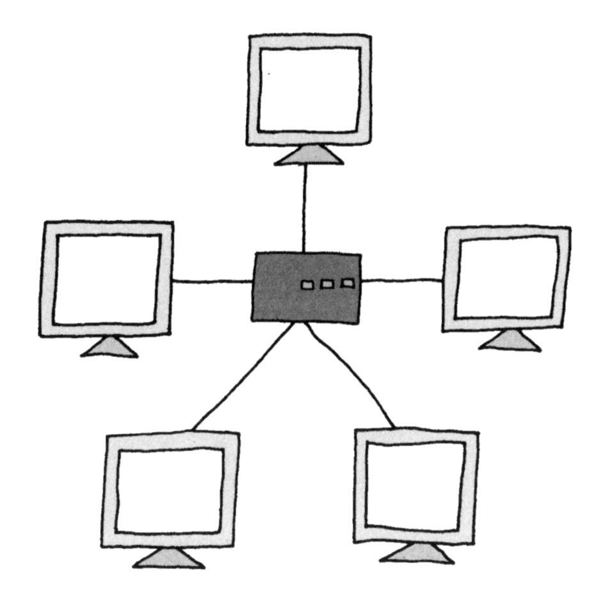

作为中心的节点统一管理
整个网络

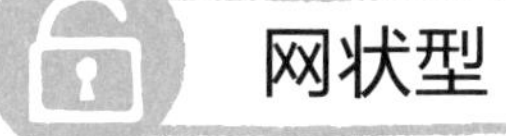

网状型

所有节点都以一对一的方式链接。即使部分线缆或者节点发生故障，也可以避开故障部位继续通信。

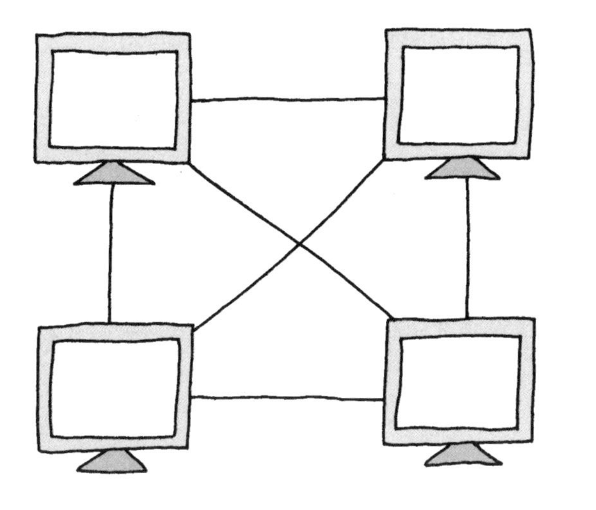

主要作为WAN的链接
形态被使用

以太网（Ethernet）

在现有的有线LAN中，使用最频繁的规格就是以太网。

以太网的机制

初期的以太网因受到通信环境的制约，采用叫作CSMA/CD方式的半双工通信方式实施帧的交换。

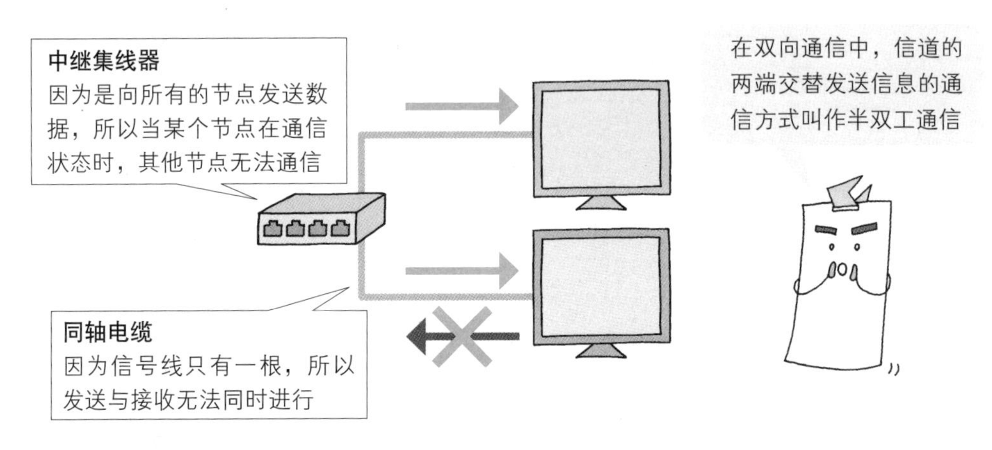
中继集线器
因为是向所有的节点发送数据，所以当某个节点在通信状态时，其他节点无法通信
同轴电缆
因为信号线只有一根，所以发送与接收无法同时进行
在双向通信中，信道的两端交替发送信息的通信方式叫作半双工通信

因为同一时刻只能从信道的一端发送信息，所以不会发生数据冲突。

~在CSMA/CD方式中从节点A向节点B发送数据~

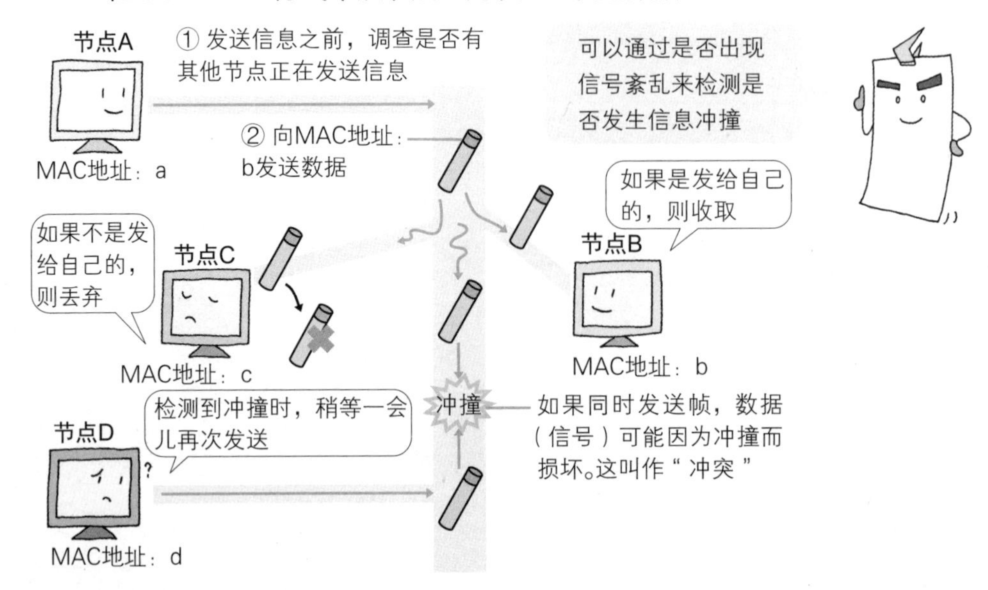
节点A
MAC地址：a
① 发送信息之前，调查是否有其他节点正在发送信息
② 向MAC地址：b发送数据
可以通过是否出现信号紊乱来检测是否发生信息冲撞
如果是发给自己的，则收取
节点B
MAC地址：b
如果不是发给自己的，则丢弃
节点C
MAC地址：c
检测到冲撞时，稍等一会儿再次发送
节点D
MAC地址：d
冲撞
如果同时发送帧，数据（信号）可能因为冲撞而损坏。这叫作“冲突”

现在，随着交换集线器、双绞线以及光纤线缆等的普及，一般采用全双工通信方式交换数据。

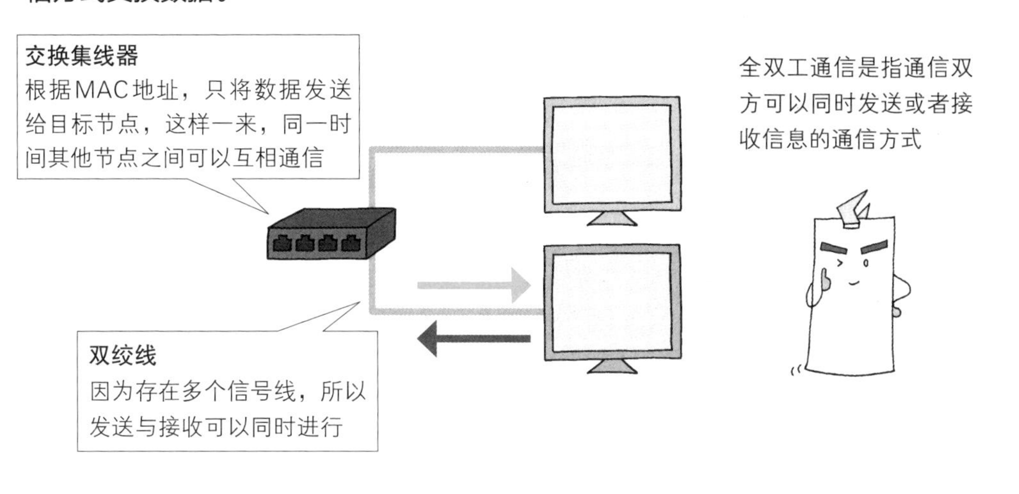
交换集线器
根据MAC地址，只将数据发送给目标节点，这样一来，同一时间其他节点之间可以互相通信
全双工通信是指通信双方可以同时发送或者接收信息的通信方式
双绞线
因为存在多个信号线，所以发送与接收可以同时进行

以太网帧

以太网的帧如下所示。

① 前导同步码(56位) 提醒接收系统即将有帧到来 7次写入10101010	② 帧开始分界符(8位) 表示帧的发送从下一个数据报正式开始 二进制数序列为10101011
③ 目标MAC地址(48位)	
④ 源MAC地址(48位)	
⑤ 帧的长度/类型(16位)①	
⑥ 数据 内容为胶囊化的IP包头/TCP包头/应用程序包头/数据。此部分数据量如果没有达到字节单位(8位二进制数列的倍数)，则末尾要加0填充，以调节数据的长度(最多1500字节)	
⑦ FCS(Frame Check Sequence)(32位) 检查帧在传输过程中是否有损坏的校验值。使用③到⑤的字段值来计算	

①与②合起来叫作前导码(preamble/前置)

①内容为帧长度(字节单位)或者交给上层协议的信息。具体是哪种内容，取决于以太网的种类。

令牌环网

令牌环网是为了防止帧的冲突，设计出的只有得到权利的计算机才能发送信息的网络拓扑结构。

令牌环网的原理

通信时要用到在网络上流动的验证令牌（记号）。因为只有获得令牌的计算机才能发送信息，所以不会发生帧的冲突。这种通信方法叫作令牌传递方式。

以太网普及后，现在很少用到这种方式。

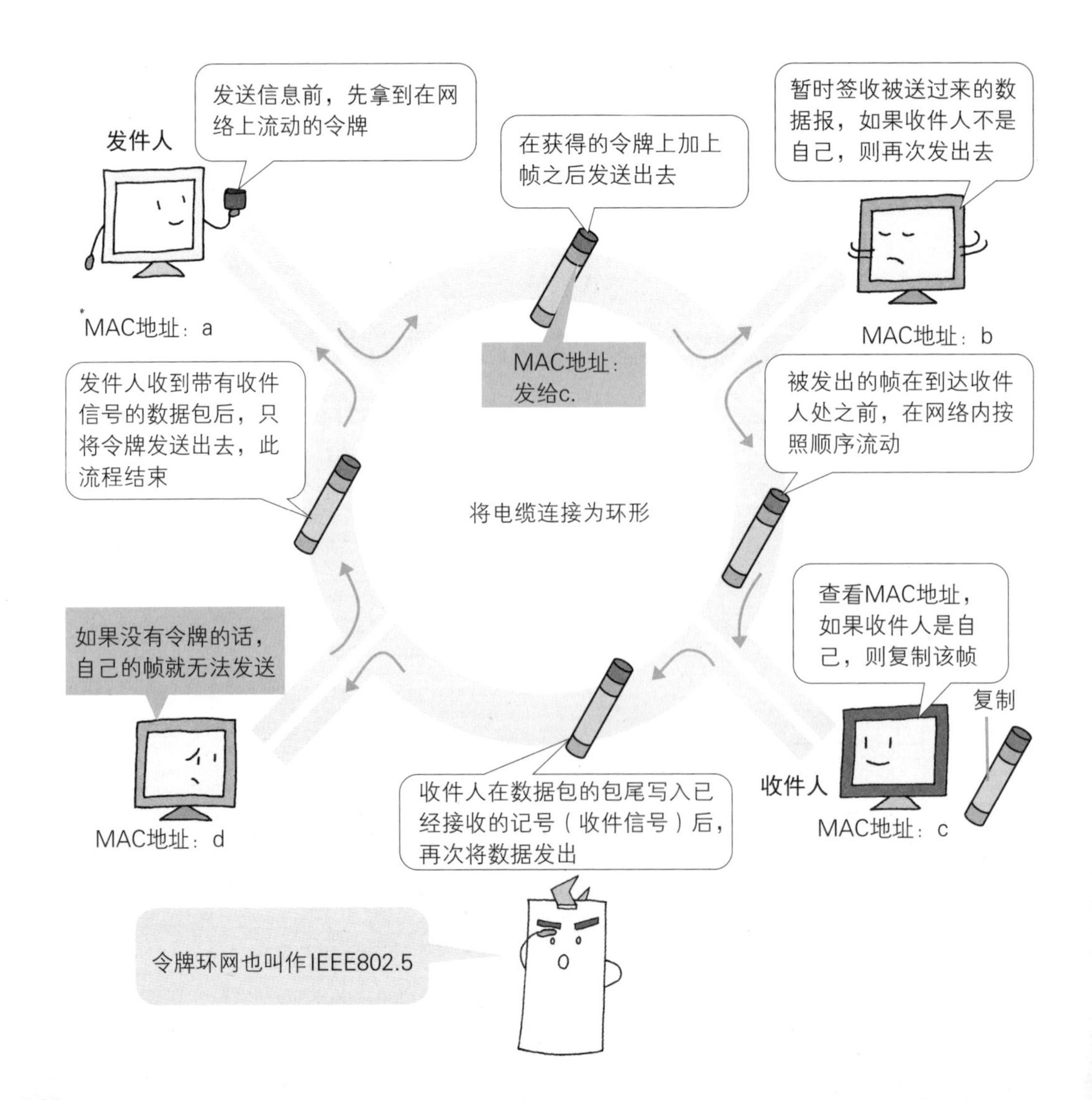

发件人
发送信息前，先拿到在网络上流动的令牌
在获得的令牌上加上帧之后发送出去
暂时签收被送过来的数据报，如果收件人不是自己，则再次发出去
MAC地址：a
MAC地址：发给c.
MAC地址：b
发件人收到带有收件信号的数据包后，只将令牌发送出去，此流程结束
被发出的帧在到达收件人处之前，在网络内按照顺序流动
将电缆连接为环形
查看MAC地址，如果收件人是自己，则复制该帧
如果没有令牌的话，自己的帧就无法发送
复制
收件人
MAC地址：d
收件人在数据包的包尾写入已经接收的记号（收件信号）后，再次将数据发出
MAC地址：c
令牌环网也叫作IEEE802.5

令牌环网帧

令牌及令牌环网的帧如下所示。

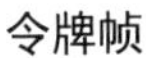

令牌帧

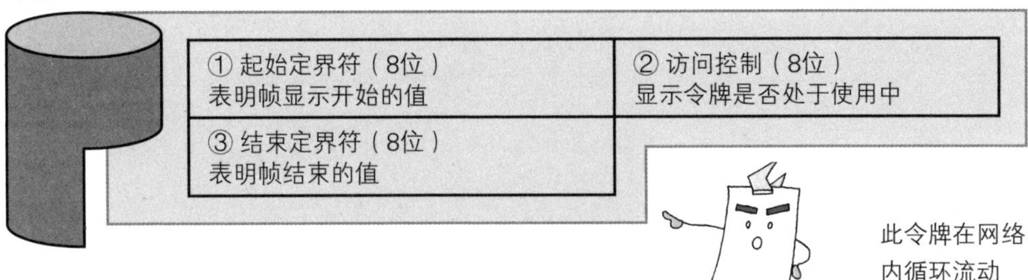
① 起始定界符（8位）
表明帧显示开始的值
② 访问控制（8位）
显示令牌是否处于使用中
③ 结束定界符（8位）
表明帧结束的值

此令牌在网络
内循环流动

以下是加了令牌的帧（颜色较重的部分是令牌）

令牌环网帧

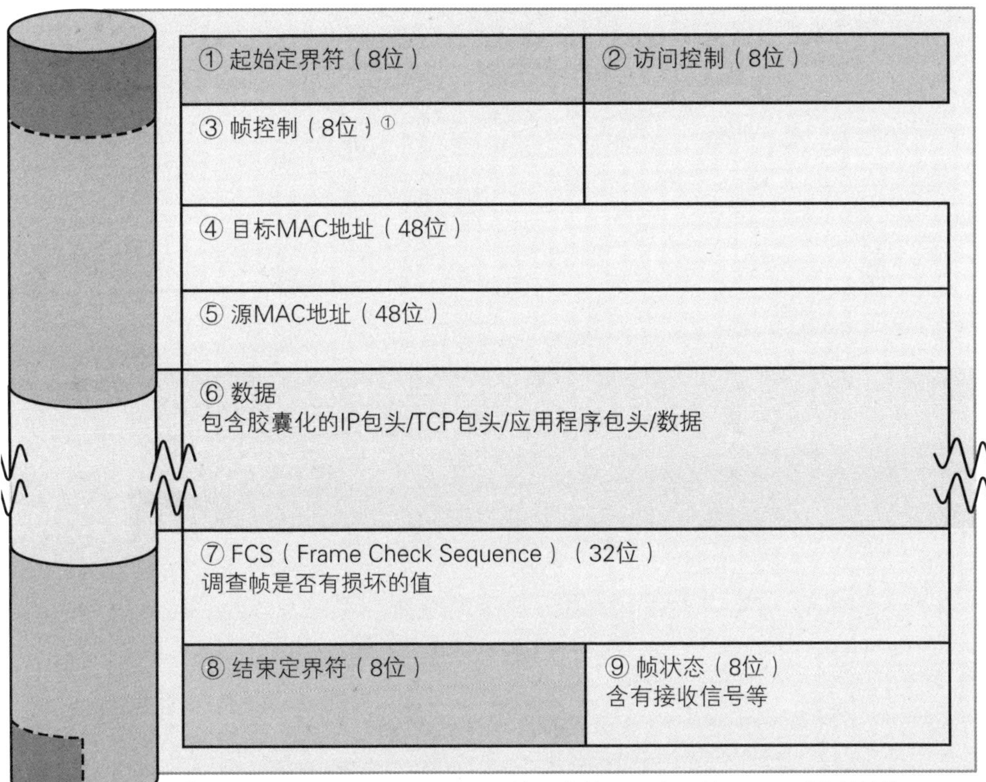
① 起始定界符（8位）
② 访问控制（8位）
③ 帧控制（8位）①
④ 目标MAC地址（48位）
⑤ 源MAC地址（48位）
⑥ 数据
包含胶囊化的IP包头/TCP包头/应用程序包头/数据
⑦ FCS（Frame Check Sequence）（32位）
调查帧是否有损坏的值
⑧ 结束定界符（8位）
⑨ 帧状态（8位）
含有接收信号等

①显示是否是使用MAC地址的通信（令牌环网也支持TCP/IP以外的协议，所以不一定会使用MAC地址）

其他数据链路

本节将介绍使用光纤的FDDI以及不使用线缆而通过电磁波及红外线链接的数据链路。

FDDI

FDDI（Fiber Distributed Data Interface）是指利用光纤，采用令牌传递方式的数据链路。其特点在于构建双圈环网，即使平时使用的环网（第一环网）发生断线，也能通过使用紧急情况下使用的环网（第二环网）来继续通信。

以太网普及后，这种方式很少使用。

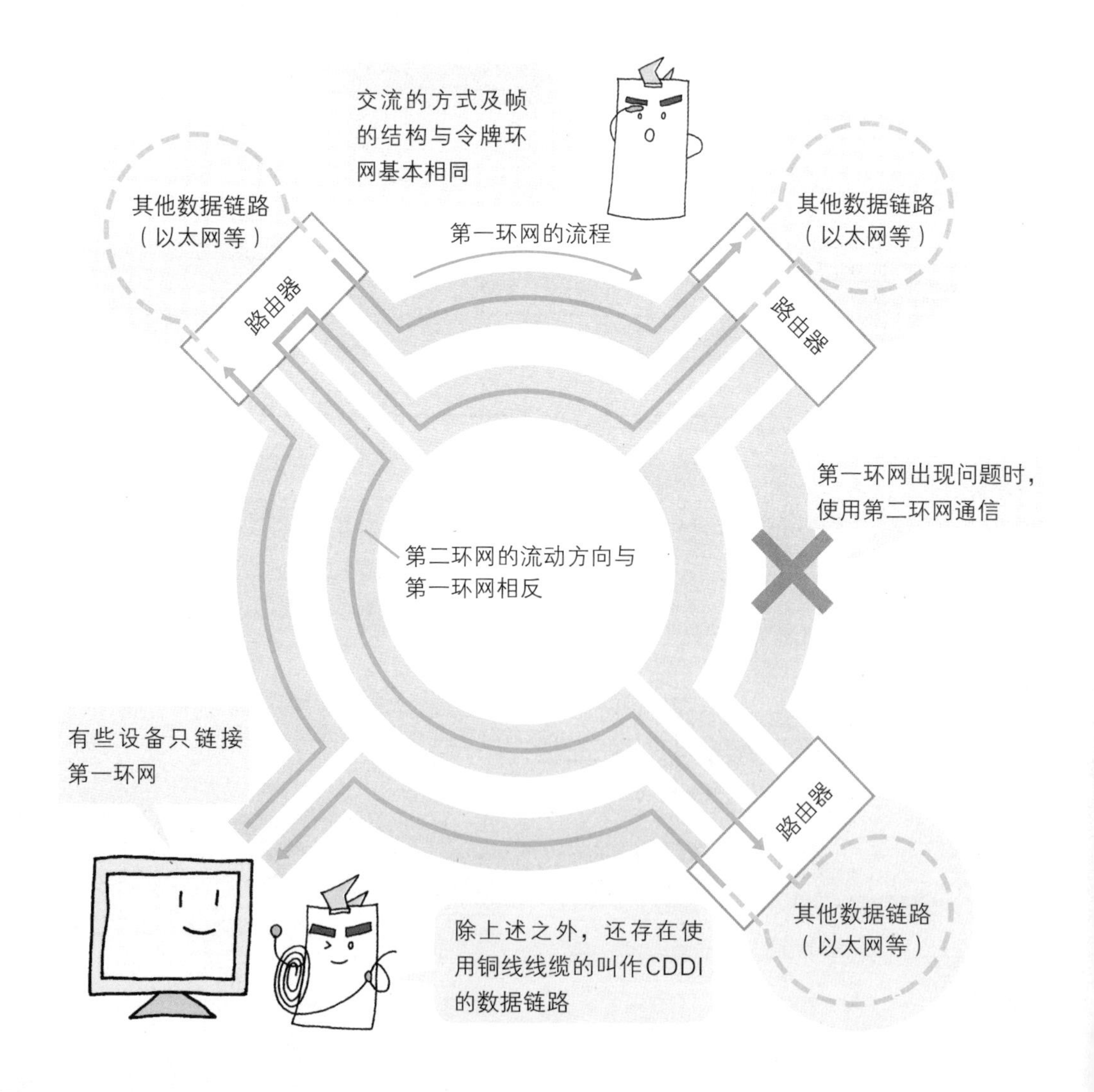
交流的方式及帧
的结构与令牌环
网基本相同
其他数据链路
（以太网等）
第一环网的流程
其他数据链路
（以太网等）
路由器
路由器
第一环网出现问题时，
使用第二环网通信
第二环网的流动方向与
第一环网相反
有些设备只链接
第一环网
路由器
除上述之外，还存在使
用铜线线缆的叫作CDDI
的数据链路
其他数据链路
（以太网等）

无线 LAN

无线LAN是利用电磁波及红外线等进行数据发送与接收的通信方式。现在普遍使用的无线LAN的标准规格统称为IEEE 802.11，根据频率及通信速度不同分为以下几个规格。

规格	频率	最高通信速度	标准化
IEEE 802.11a	5GHz	54Mbps	1999年
IEEE 802.11b	2.4GHz	11Mbps	1999年
IEEE 802.11g	2.4GHz	54Mbps	2003年
IEEE 802.11n	2.4GHz/5GHz	600Mbps	2009年
IEEE 802.11ac	5GHz	6.9Gbps	2013年
IEEE 802.11ad	60GHz	6.8Gbps	2012年

无线LAN中使用以下叫作CSMA/CA方式的通信方法。

即使没有线缆，也能链接到网络上，非常方便

接收基站发来的电磁波，收件人如果是自己，则收取

MAC地址：a

MAC地址：收件人是b

MAC地址：b

指定收件人时，使用MAC地址

收件人如果不是自己，则丢弃。

可通信范围：30～50m

无线基站（链接点）

将数字信号转换为电磁波，发送给数据链路中的所有设备

MAC地址：c

PPP与PPPoE

PPP是具有用户认证功能的协议。将此PPP扩展为以太网上也能使用的形态后就是PPPoE。

PPP

PPP（Point-to-Point Protocol）是在两点之间执行一对一通信的协议。其通过以下步骤确立通信。

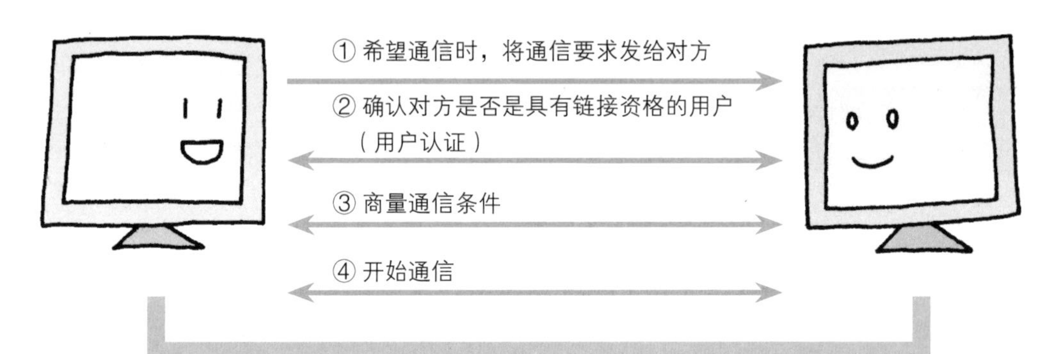

① 希望通信时，将通信要求发给对方
② 确认对方是否是具有链接资格的用户
（用户认证）
③ 商量通信条件
④ 开始通信

PPP的帧如下所示。

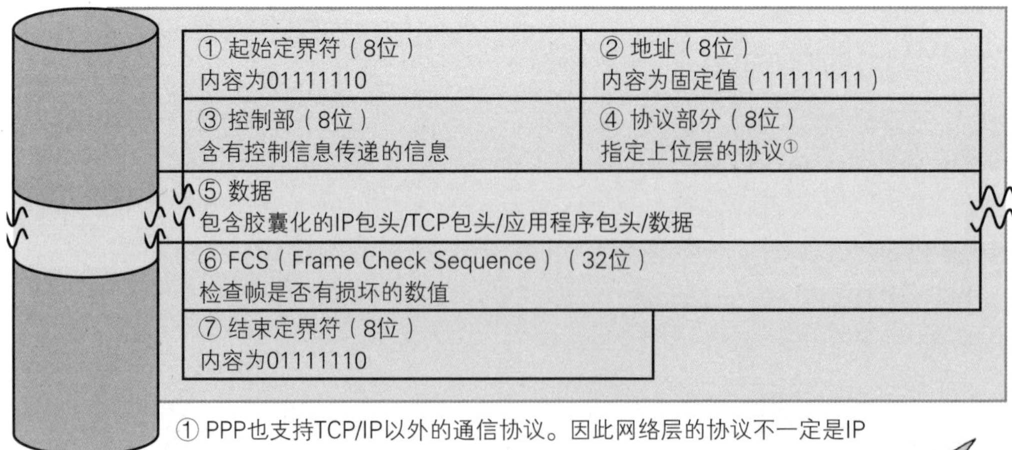

① 起始定界符（8位）
内容为01111110
② 地址（8位）
内容为固定值（11111111）
③ 控制部（8位）
含有控制信息传递的信息
④ 协议部分（8位）
指定上位层的协议①
⑤ 数据
包含胶囊化的IP包头/TCP包头/应用程序包头/数据
⑥ FCS（Frame Check Sequence）（32位）
检查帧是否有损坏的数值
⑦ 结束定界符（8位）
内容为01111110

① PPP也支持TCP/IP以外的通信协议。因此网络层的协议不一定是IP

因为PPP是一对一的通信，
所以不使用MAC地址

PPPoE

实现以太网上两台计算机之间认证的协议是PPPoE（PPP over Ethernet）。PPPoE主要利用xDSL以及CATV回路、光回路通过链接服务器链接英特网时使用。

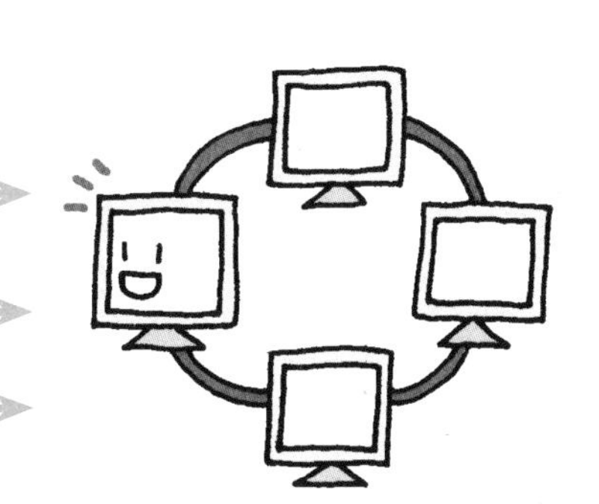

① 通过 PPPoE 与通信对方链接
② 使用 PPP，执行用户认证等
③ 开始通信

PPPoE帧包裹在以太网帧中被搬运。

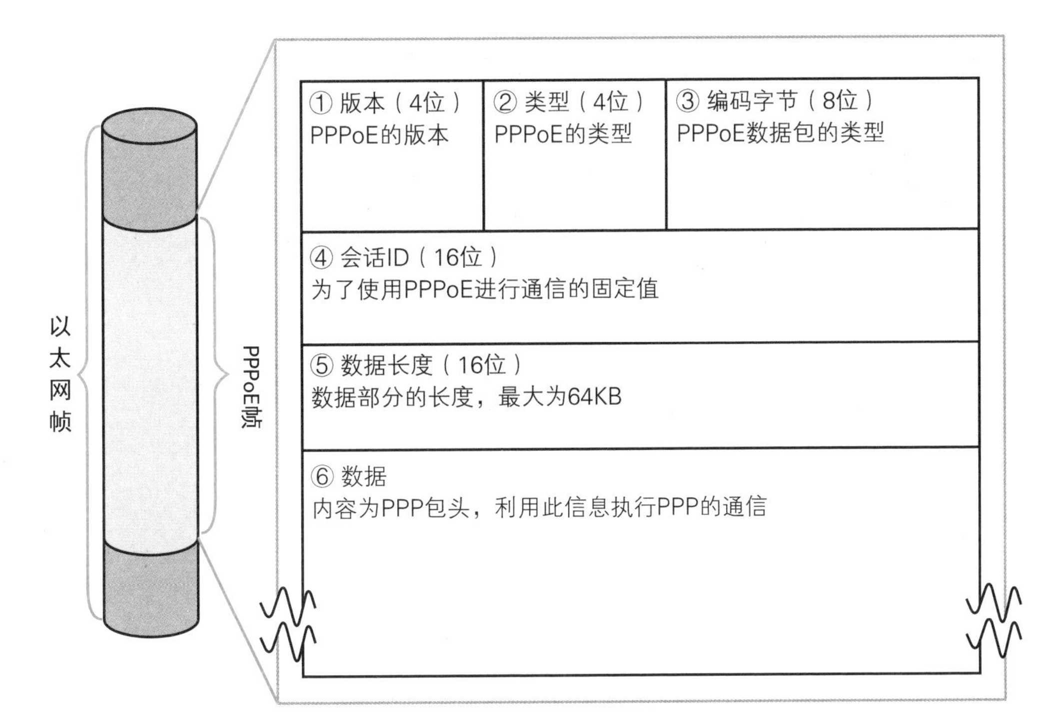

以太网帧
PPPoE帧
① 版本（4位）
PPPoE的版本
② 类型（4位）
PPPoE的类型
③ 编码字节（8位）
PPPoE数据包的类型
④ 会话ID（16位）
为了使用PPPoE进行通信的固定值
⑤ 数据长度（16位）
数据部分的长度，最大为64KB
⑥ 数据
内容为PPP包头，利用此信息执行PPP的通信

数据链路上的设备（1）

本节将介绍在数据链路层/物理层上辅助通信的设备。

中继器

信号有时会受到通信媒体以及周围环境、通信距离等的影响而变形。变形严重时，甚至难以判断是0还是1。

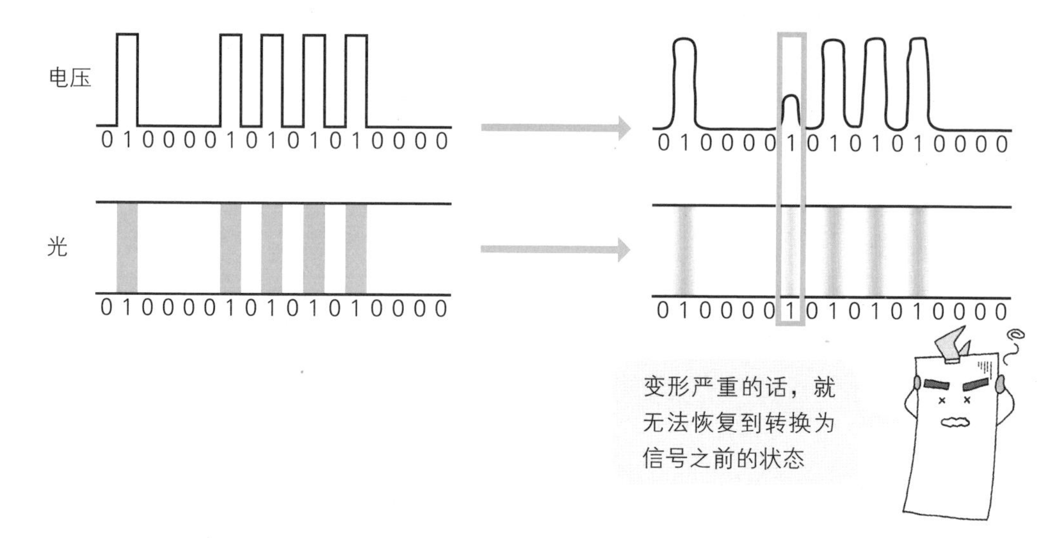

电压
0100000101010100000
0100000101010100000
光
0100000101010100000
0100000101010100000
变形严重的话，就
无法恢复到转换为
信号之前的状态

因此，为防止信号变形，在网络上设置了修正信号的设备，这个设备就叫作中继器。现在，集线器也在执行着中继器的功能。（P.148）

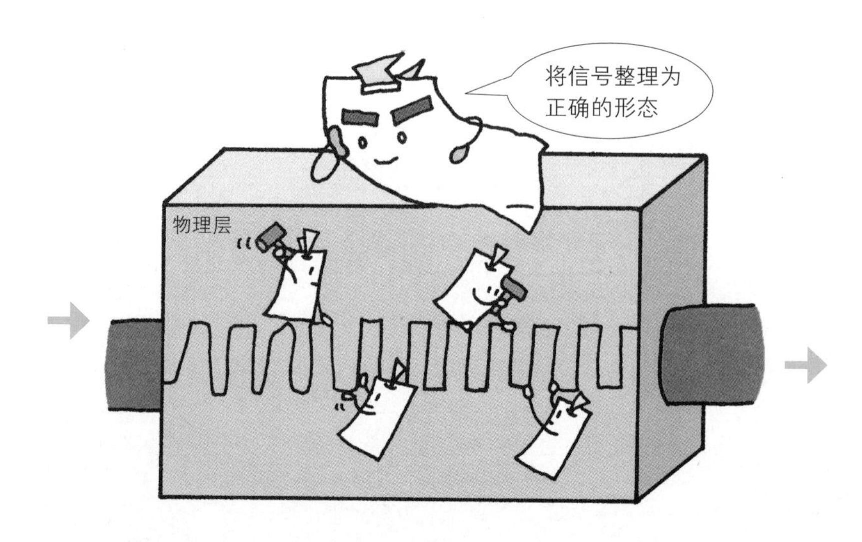

将信号整理为
正确的形态
物理层

网桥

不仅能够修正信号，还拥有能够链接两个不同的数据链路功能的设备叫作网桥。网桥通过查看收件人的MAC地址，如果发现流过来的数据包是发往其他数据链路的话，则转发出去；如果收件人是同一链路的则丢弃。

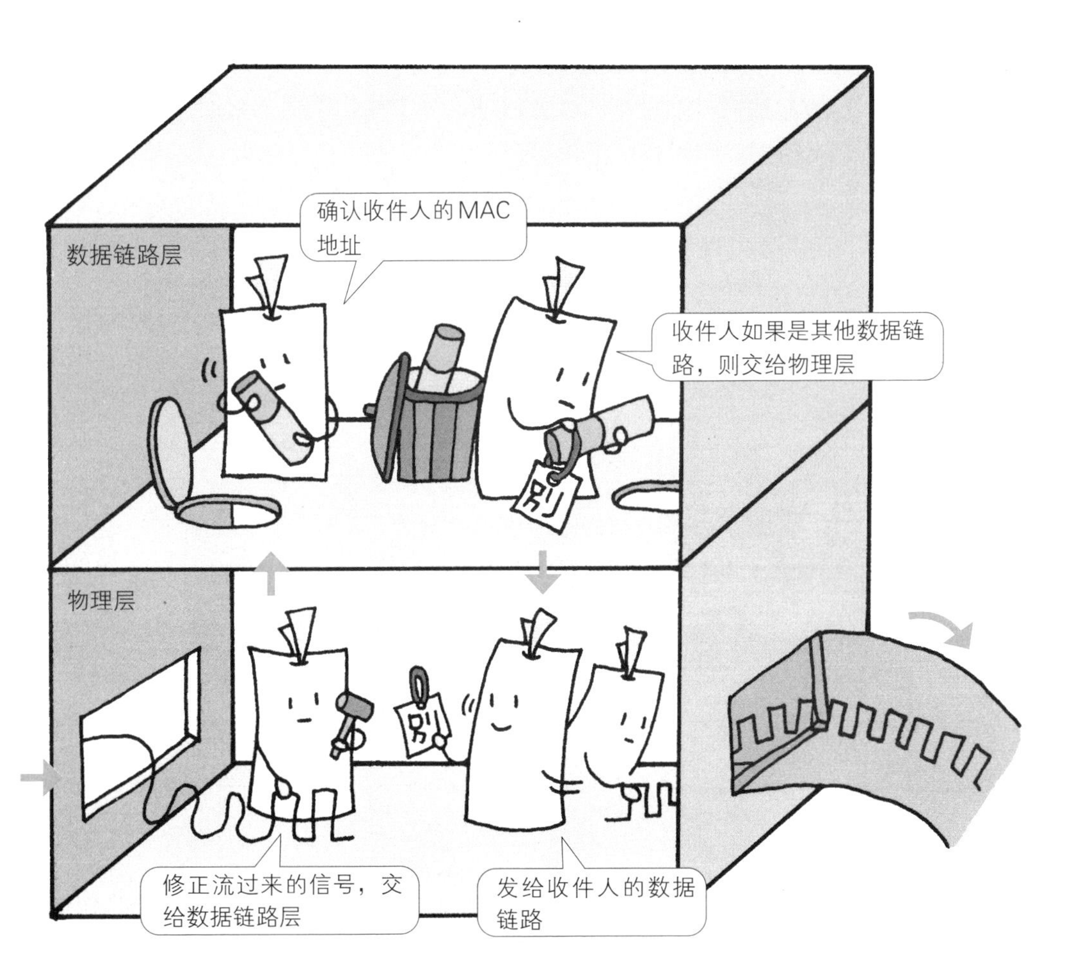

数据链路层
确认收件人的MAC地址
收件人如果是其他数据链路，则交给物理层
别
物理层
别
修正流过来的信号，交给数据链路层
发给收件人的数据链路

跟踪数据链路层/物理层的通信

数据链路上的设备（2）

本节将介绍在数据链路层/物理层中辅助通信的设备。

集线器

网络上负责将总线分开的设备叫作集线器。为了将一个信号发送到多个线缆，需要为信号增幅，所以其同时具备中继器的功能。

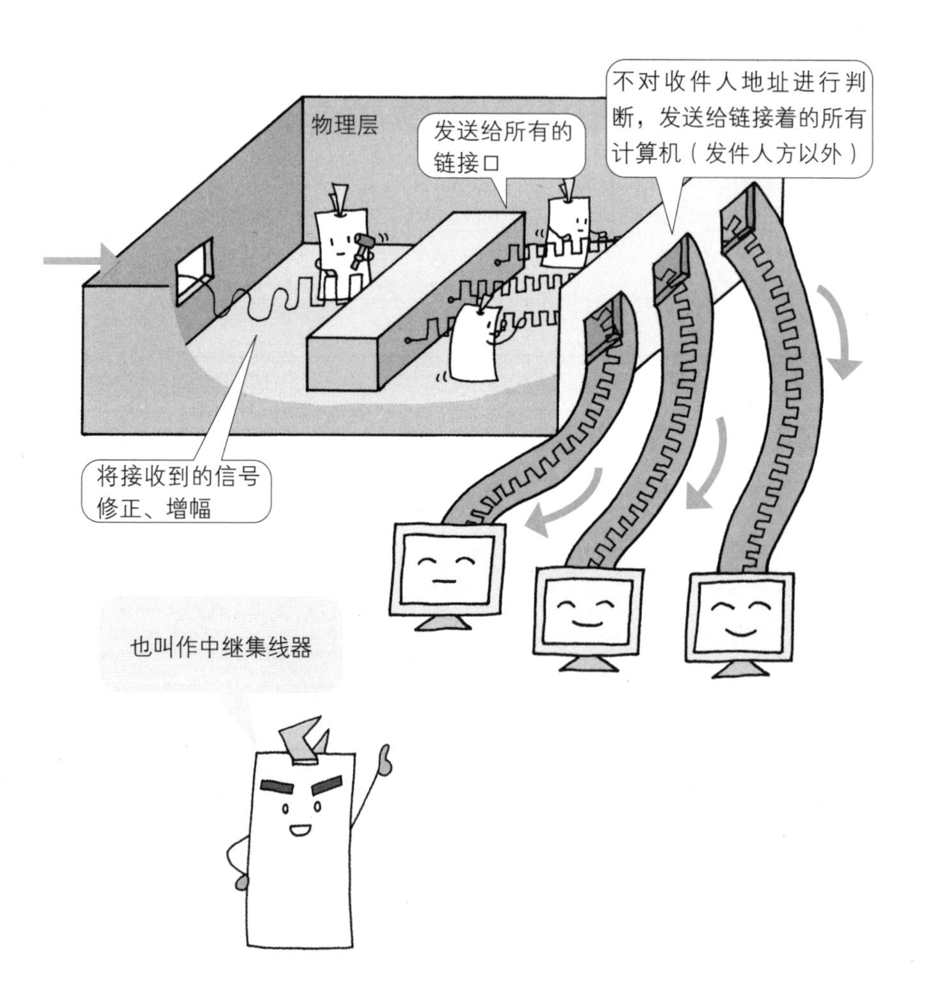
物理层
发送给所有的链接口
不对收件人地址进行判断，发送给链接着的所有计算机（发件人方以外）
将接收到的信号修正、增幅
也叫作中继集线器

除上述之外，还存在不具备信号修正/增幅功能的叫作无源集线器的设备。

交换集线器

通过查看收件人的MAC地址，具备只将信号发送给多个链接设备中的特定节点功能的集线器叫作交换集线器。

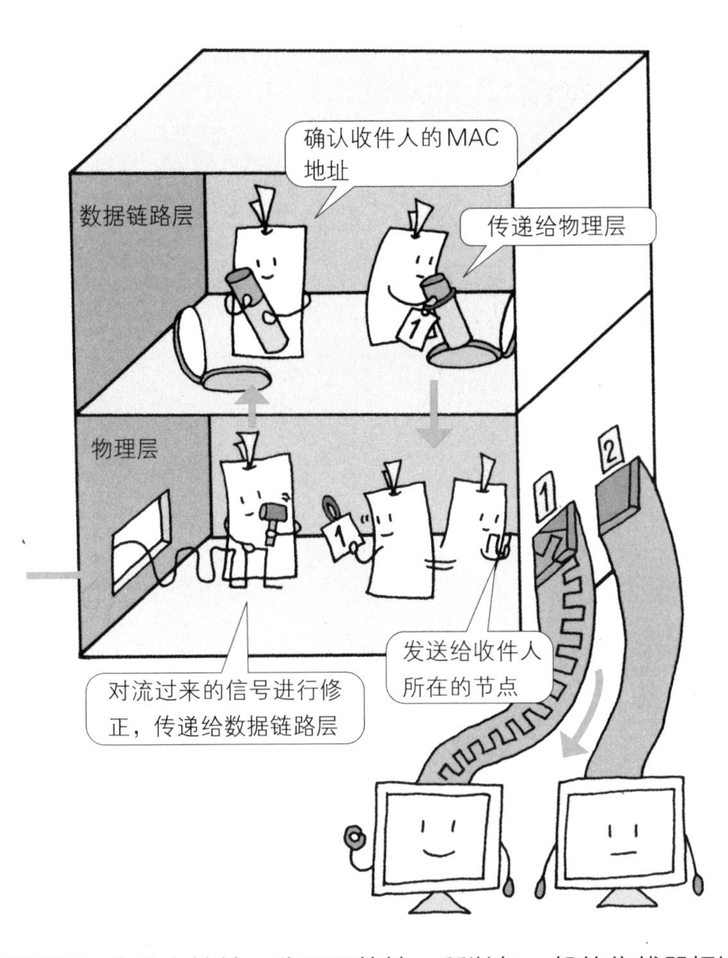

数据链路层
确认收件人的MAC地址
传递给物理层
物理层
对流过来的信号进行修正，传递给数据链路层
发送给收件人所在的节点

因为需要确认收件人地址，分配目的地，所以与一般的集线器相比，通过所需的时间更长。

计算机的地址信息

本节将介绍计算机中保存的显示其他计算机地址的信息的命令。

arp 命令 /netsh 命令

使用arp命令调查到的MAC地址会保存到计算机内的ARP表中。arp命令是显示ARP表的命令。

```
PS C:¥> arp -a  ←—— "-a" 是含义为 all 的选项 arp 与 -a 用半角空格隔开

  接口：192.168.168.56 --- 0x8  ←—— 所使用的计算机的信息
  英特网     地址       物理地址                  类型  ┐
  192.168.168.1         xx-xx-xx-xx-xx-xx         动态  │
  192.168.168.205       xx-xx-xx-xx-xx-xx         动态  ├ARP 表
  255.255.255.255       xx-xx-xx-xx-xx-xx         静态  ┘
```

如果是Windows，则ARP表中包含以下信息。UNIX · Linux中，内容及显示形态多少会有不同。

内容	含义
英特网地址	显示IP地址
物理地址	显示MAC地址
类型	显示地址的保存状态 静态：不管有没有使用，都永久保存 动态：一段时间内不使用的话，会自动删除

在IPv6中，使用ICMPv6调查的MAC地址保存在邻居缓存（neighbor cache）中。确认邻居缓存时，要使用netsh命令（UNIX/Linux中为“ip”命令）。以下是在Windows中使用netsh命令的示例。

```
PS C:¥> netsh interface ipv6 show neighbors
    :
接口 8: vEthernet（外部网络）

英特网    地址                       物理地址             类型
----------------------------         ---------------      --------
fe80::a0:87b7:1345:188d              xx-xx-xx-xx-xx-xx    可以到达（路由器）
fe80::2ae:33f0:fe00:ae81             xx-xx-xx-xx-xx-xx    Stale
ff02::1                              xx-xx-xx-xx-xx-xx    永久
```

虽然邻居缓存中显示与ARP表相同的英特网地址、物理地址、类型等信息，但邻居缓存中显示的内容更加详细。

ipconfig/all 命令

如果使用第5章中介绍的ipconfig命令的/all选项时，会显示出包括MAC地址在内的TCP/IP设置的详细信息。无法链接到网络时，可以通过此方法确认自己的计算机的链接设置。在UNIX/Linux中输入“ifconfig -a”。

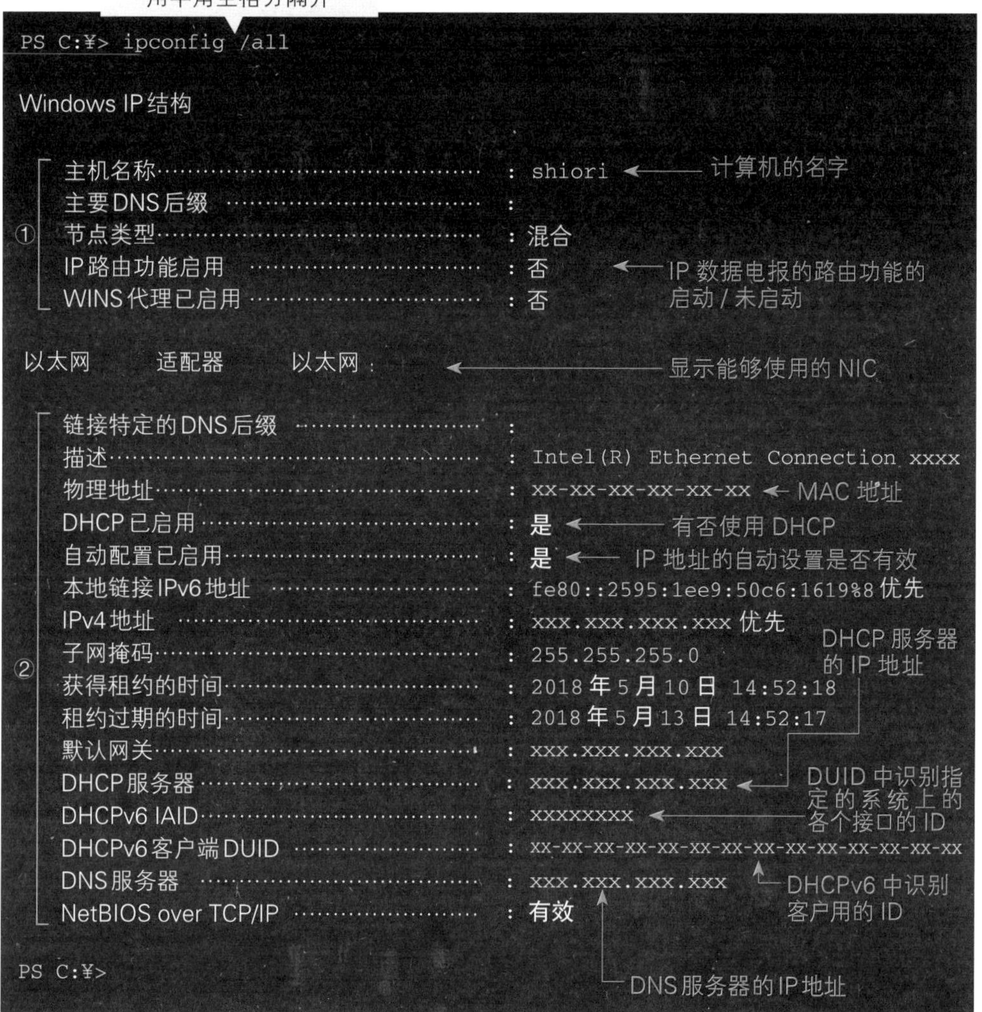

用半角空格分隔开
PS C:¥> ipconfig /all
Windows IP结构
主机名称 : shiori
计算机的名字
主要DNS后缀 :
节点类型 : 混合
IP路由功能启用 : 否
WINS代理已启用 : 否
IP数据电报的路由功能的启动/未启动
①
以太网 适配器 以太网 :
显示能够使用的NIC
链接特定的DNS后缀 :
描述 : Intel(R) Ethernet Connection xxxx
物理地址 : xx-xx-xx-xx-xx-xx
MAC地址
DHCP已启用 : 是
有否使用DHCP
自动配置已启用 : 是
IP地址的自动设置是否有效
本地链接IPv6地址 : fe80::2595:1ee9:50c6:1619%8 优先
IPv4地址 : xxx.xxx.xxx.xxx 优先
子网掩码 : 255.255.255.0
DHCP服务器的IP地址
获得租约的时间 : 2018年5月10日 14:52:18
租约过期的时间 : 2018年5月13日 14:52:17
默认网关 : xxx.xxx.xxx.xxx
DHCP服务器 : xxx.xxx.xxx.xxx
DHCPv6 IAID : xxxxxxxx
DUID中识别指定的系统上的各个接口的ID
DHCPv6客户端DUID : xx-xx-xx-xx-xx-xx-xx-xx-xx-xx-xx-xx-xx-xx
DNS服务器 : xxx.xxx.xxx.xxx
DHCPv6中识别客户用的ID
NetBIOS over TCP/IP : 有效
②
PS C:¥>
DNS服务器的IP地址

① 关于计算机本身设置的内容。

② 关于NIC设置的内容。只显示NIC的数量。

注：1. 在PPP有效的计算机上，关于PPP的信息也会显示出来。
　　2. DHCPv6（DHCP for IPv6）指的是IPv6中使用的DHCP环境。

根据计算机的链接环境及OS不同，显示内容也不同

专　栏

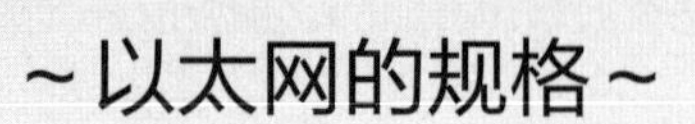

~以太网的规格~

以太网存在多种规格，根据规格不同，转发速度及转发距离也不同。主要规格概括如下。

规格	最大转发速度	使用线缆	最大转发距离
100BASE-T	100Mbps	双绞线（UTP：等级5）	100m
100BASE-F		光纤（MMF） 光纤（SMF）	400m或者2km
1000BASE-T	1000Mbps	双绞线 （UTP:等级5以上）	100m
1000BASE-X		光纤（MMF） 光纤（SMF） 同轴线缆	550m 5km 25m
2.5GBASE-T	2.5Gbps	双绞线（UTP:等级5e）	100m
5GBASE-T	5Gbps	双绞线（UTP:等级6）	100m
10GBASE-T	10Gbps	双绞线（UTP：等级6、6A、7）	100m
10GBASE-R		光纤（MMF） 光纤（SMF）	220m、300m 10km，40km，40km以上
10GBASE-W		光纤（MMF） 光纤（SMF）	300m 10km，40km
10GBASE-X		光纤（MMF） 光纤（SMF）	300m 10km
10GBASE-CX4		同轴线缆	15m
25GBASE-T	25Gbps	双绞线（UTP：等级8）	30m
25GBASE-R		光纤（MMF） 光纤（SMF）	70m、100m 10km
40GBASE-T	40Gbps	双绞线（UTP:等级8）	30m
40GBASE-R		光纤（MMF） 光纤（SMF）	100m，150m 10km，30km
100GBASE-R	100Gbps	光纤（MMF） 光纤（SMF）	70m，100m，150m 10km，30km，40km

一般提到以太网，指的是转发速度为10Mbps的网络，100Mbps的网络叫作快速以太网。1Gbps的网络为吉位以太网，速度更快的网络为n（数字）吉位以太网。

※线缆的详细内容请参考附录

※bps：bit per second的缩写。表示1秒内能够发送的二进制数字数量。

※各规格的分类更加细化，各类别分别使用的线缆及最大发送速度不同。

7

路由选择

图解
TCP/IP
这里是关键
key

到达收件人的踏脚石

在之前的章节中，我们对TCP/IP的各层进行了介绍，本章我们将重点介绍路由器的功能。让我们来具体看下“网络层”一章中作为“到达收件人之前的引路设备”介绍过的路由器具体是如何引路的吧。

通信时，发件人计算机与收件人计算机不一定在同一个网络内。大多数情况下，数据包在到达收件人之前要跨越多个网络。

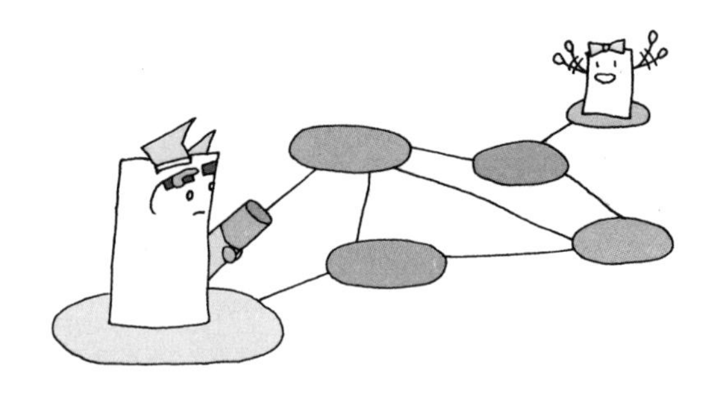

虽然叫作“跨越网络”，但实际上并不是真的通过各个网络的内部。实际上，只是经过设置在各个网络入口处的路由器，最后到达收件人计算机所在的网络入口，就像是在各个踏脚石上跳跃前进一般。

GOAL
START

决定路径

路由器不是单纯的“到达收件人之前的中继地点”，它还背负有“确认收到的数据包的收件地址，决定下一个收件地点”的重要职责。路由器决定下一个收件地址，并发送数据包的工作叫作路由选择。

让我们来想一下。例如，当你被问道“请告诉我去到离你家最近的车站的路径”时，一般情况下，可以到达该车站的路径有多条。路由器也是一样的，通往收件地址途中的“下一个接收地址”不一定只有一个。因此，路由器在决定下一个收件地址时，需要用到叫作路由表的信息。

路由表是储存在路由器中的路径图。存储方式有两种：一种是用户（管理员）手动储存；一种是路由器本身与其他路由器交换信息后存储。本章将对路由表的存储方式进行介绍。

本章将重点描写数据包到达收件人之前的过程。让我们一边想象数据包在广阔的网络世界中旅行的样子，一边继续阅读吧。

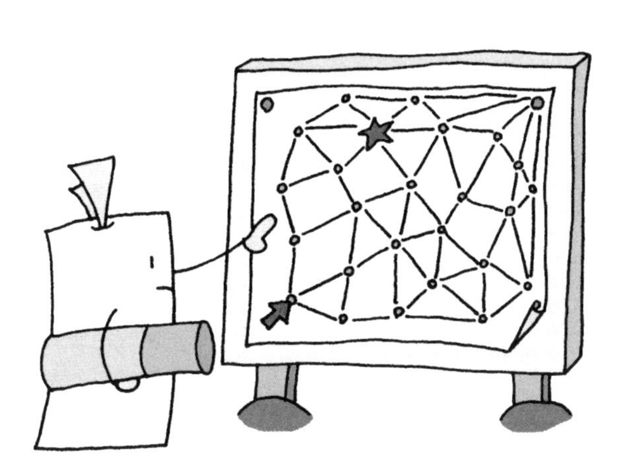

路由选择

收件人计算机不一定与发件人计算机在同一个网络之内。
将数据包送往其他网络，是路由器的职责。

路由

不同网络之间通信时，数据包经过多个路由器之后最终到达收件人处。此时，路由器执行的到达收件人之前的路径决定叫作路由选择。

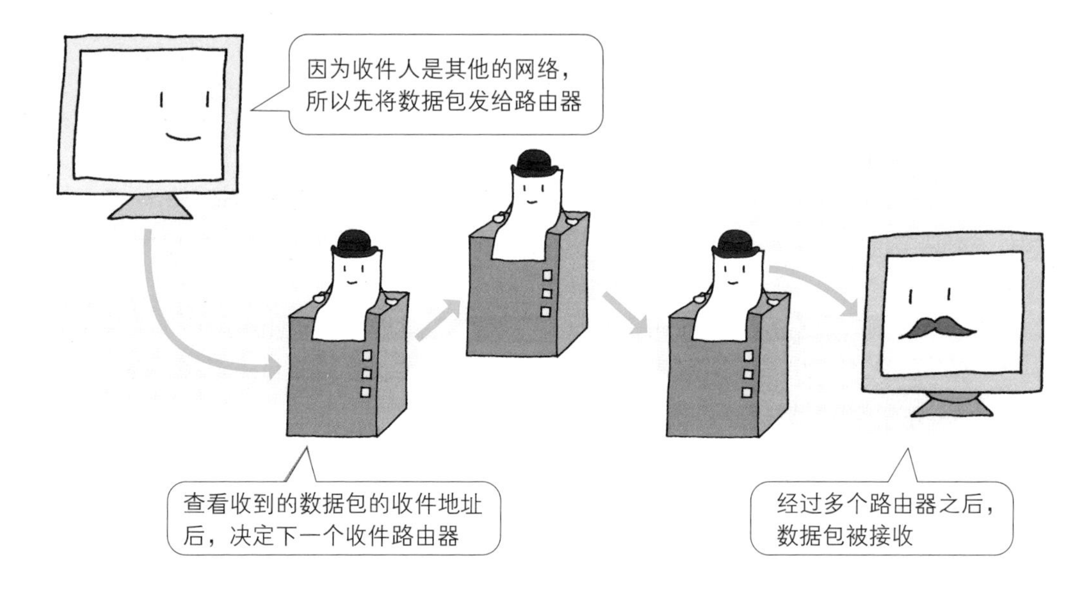

因为收件人是其他的网络，
所以先将数据包发给路由器
查看收到的数据包的收件地址
后，决定下一个收件路由器
经过多个路由器之后，
数据包被接收

为了实施路由选择，路由器需要使用叫作路由表的信息。查看收到的数据包的收件人的IP地址后，参考路由表决定下一个收件路由器。

路由表

路由表主要由以下内容构成。

收件人网络	下一跳地址	度量值	输出接口	路由信息源	经过时间
192.128.158.0/24	222.232.255.0/28	1	以太网	R①	0:00
208.260.258.0/24	222.232.10.0/24	1	FDDI	管理员	0:17
208.203.111.0/24	101.100.12.0/28	1	PPP	R	0:01

① 路由协议（参考P.160）

能够录入的表的数量，根据路由器的种类不同而不同

①收件人网络

是指路由器所掌握的网络的网络地址及子网掩码。

②下一跳地址

发往①的网络途径中的下一个收件路由器的IP地址及子网掩码。

③度量值（判断标准）

显示路径最适合程度的数值。值越小，路径越合理。

④输出接口

包含下一个收件地址的数据链路信息。根据这个，决定使用数据链路层的哪个协议实施胶囊化。

⑤路由信息源

此信息中记录该路由信息是怎样得到的：是由谁手动录入的？还是使用哪个路由协议后自动录入的？

⑥经过时间

包含路径录入后经过的时间。在某些路由协议中，会根据此信息，判断该路径是否仍然可以使用。

注：除此之外，有时也包含厂商自己独特的内容。

路径的决定方法

路径选择有“静态（static）”与“动态（dynamic）”两种。

静态路由选择

使用管理员提前录入的路由表送达收件人处的方法。因为路径是固定的，所以路径中如果有一处发生问题，就无法送达信息。

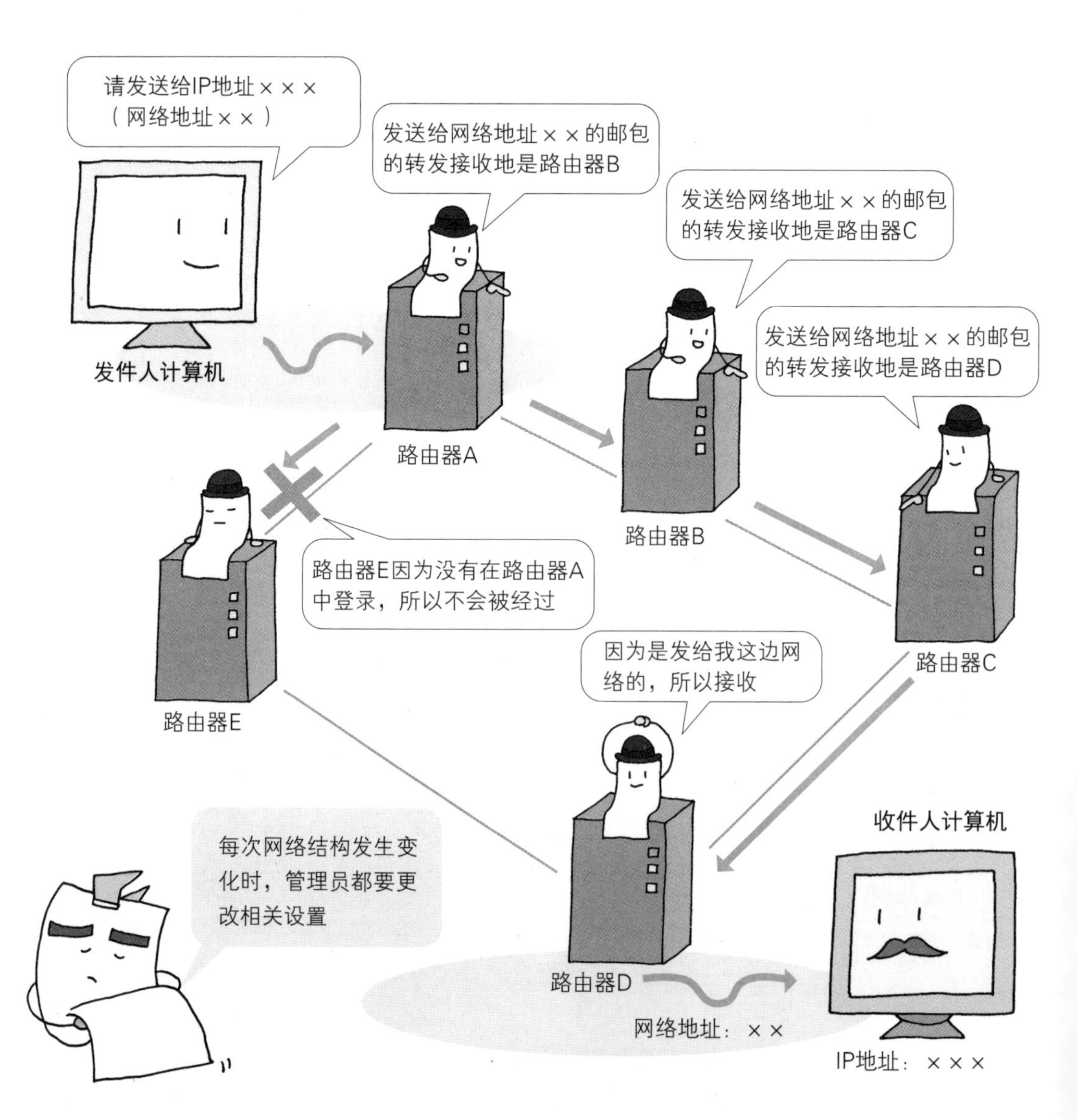

请发送给IP地址×××（网络地址××）
发件人计算机
发送给网络地址××的邮包的转发接收地是路由器B
路由器A
发送给网络地址××的邮包的转发接收地是路由器C
路由器B
发送给网络地址××的邮包的转发接收地是路由器D
路由器C
路由器E因为没有在路由器A中登录，所以不会被经过
路由器E
因为是发给我这边网络的，所以接收
路由器D
网络地址：××
收件人计算机
IP地址：×××
每次网络结构发生变化时，管理员都要更改相关设置

动态路由选择

路由器之间进行信息交换，并使用当时最合适的路径传递信息的方法。如果某个路径出现问题，其他路径会被自动选择。

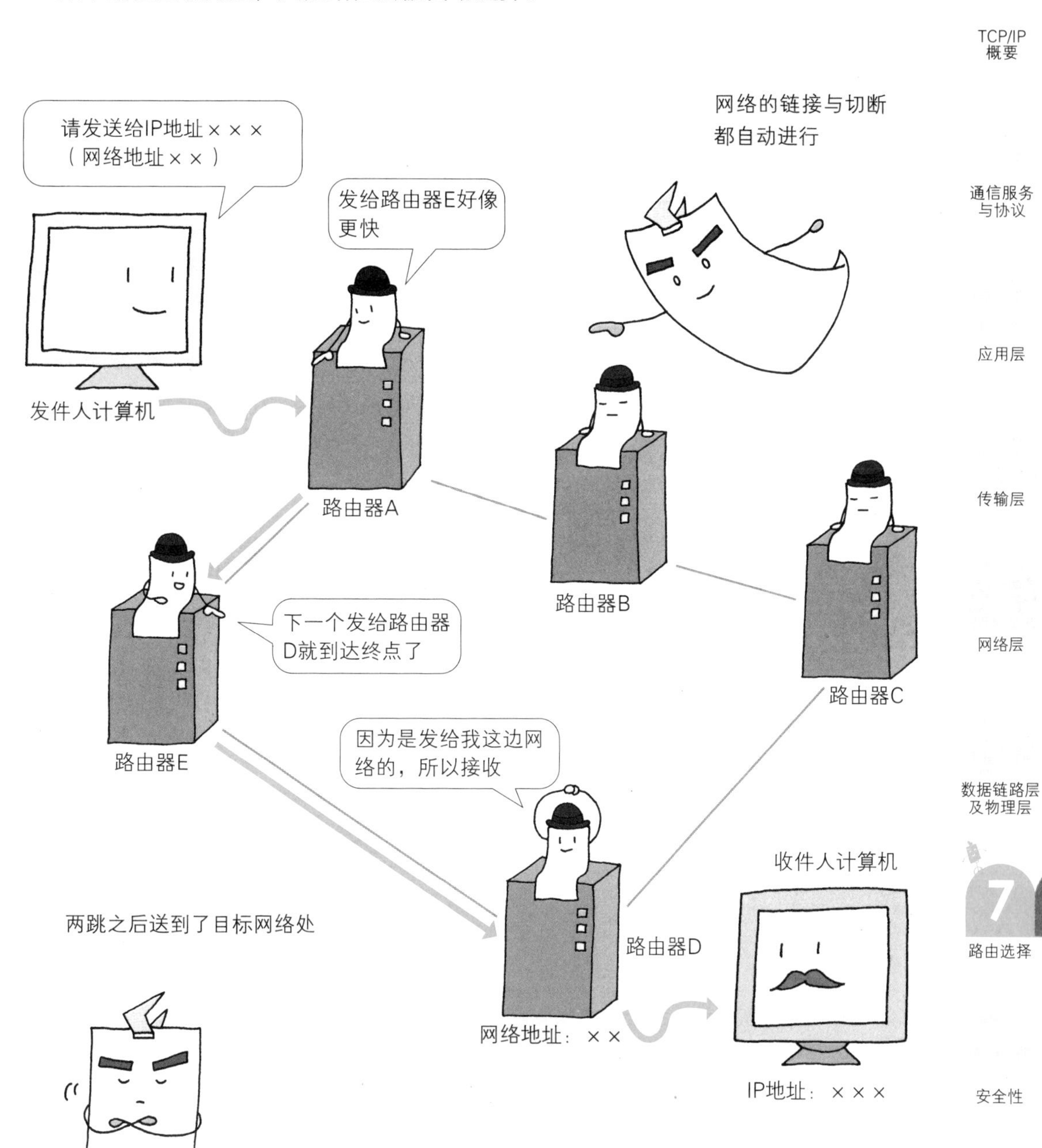

请发送给IP地址×××
（网络地址××）
发件人计算机
发给路由器E好像更快
路由器A
网络的链接与切断都自动进行
路由器B
路由器C
路由器E
下一个发给路由器D就到达终点了
因为是发给我这边网络的，所以接收
路由器D
网络地址：××
收件人计算机
IP地址：×××
两跳之后送到了目标网络处

路由器之间的信息交流

路由器之间是如何实施信息交流的呢?

路径信息的交流

在动态路由选择中，路由器从直接链接接于其上的其他路由器处得到信息后制作路由表。这时需要用到路由协议。

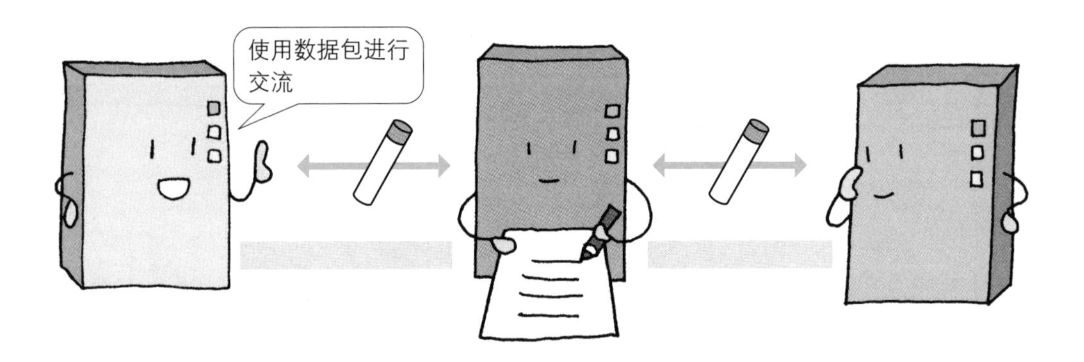

使用数据包进行交流

路由协议大致分为IGP（Interior Gateway Protocol）与EGP（Exterior Gateway Protocol）两种。

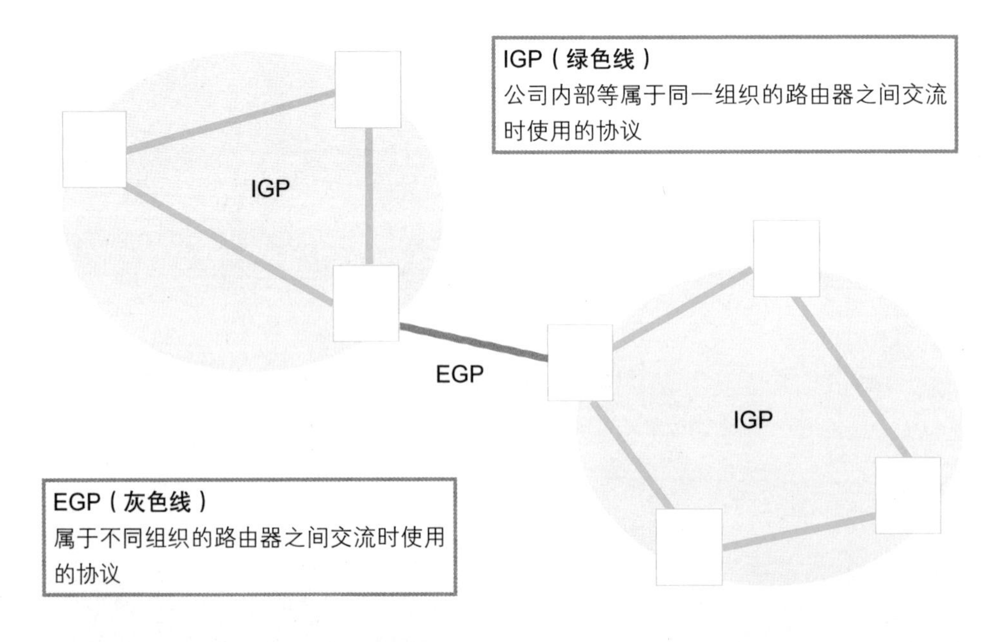

IGP（绿色线）
公司内部等属于同一组织的路由器之间交流时使用的协议
IGP
EGP
IGP
EGP（灰色线）
属于不同组织的路由器之间交流时使用的协议

主要的路由协议

以下是几种具有代表性的路由协议。

≫ RIP（Routing Information Protocol）

属于IGP的一种，用于小中等规模的组织内部。其制作路由表时，重视到达目的地之前的路由器数量（跳数）。

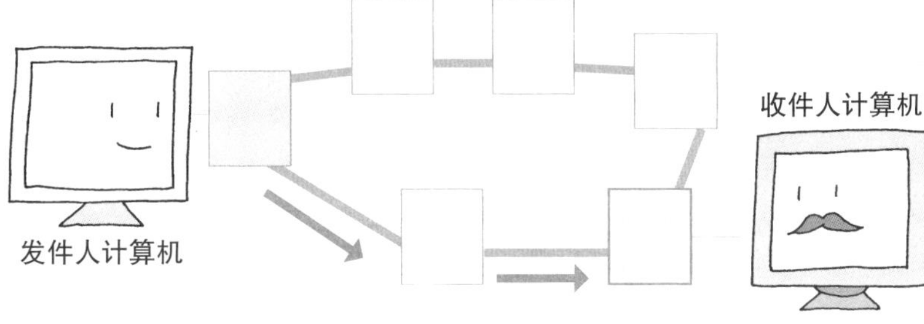

发件人计算机
收件人计算机

选择跳数少的路径

≫ OSPF（Open Shortest Path First）

属于IGP的一种，用于中大规模组织内部。其制作路由表时，会考虑发送速度等，重视到达目的地的速度。

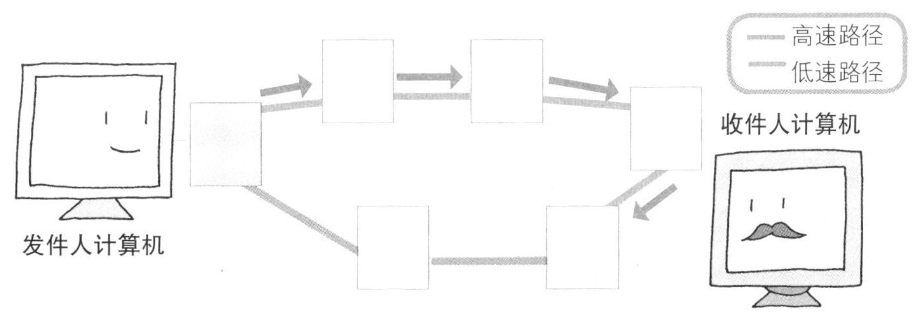

高速路径
低速路径
收件人计算机
发件人计算机

≫ BGP（Border Gateway Protocol）

属于EGP的一种。其制作路由表时，重视到达目的地之前的路由器数量（跳数）。

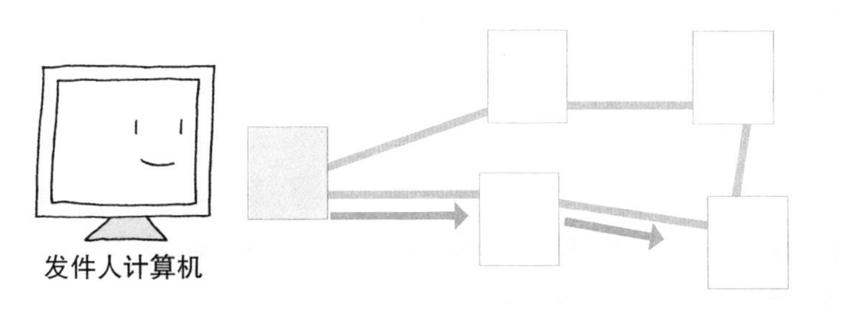

发件人计算机

收件人计算机

路由选择的机制

路由器使用MAC地址来指定路径。

在路由器中

在路由器的网络层中，通过确认目的地的IP地址，从路由表中判断下一个收件地址。在数据链路层中，追加收件人的MAC地址后放入网络中。

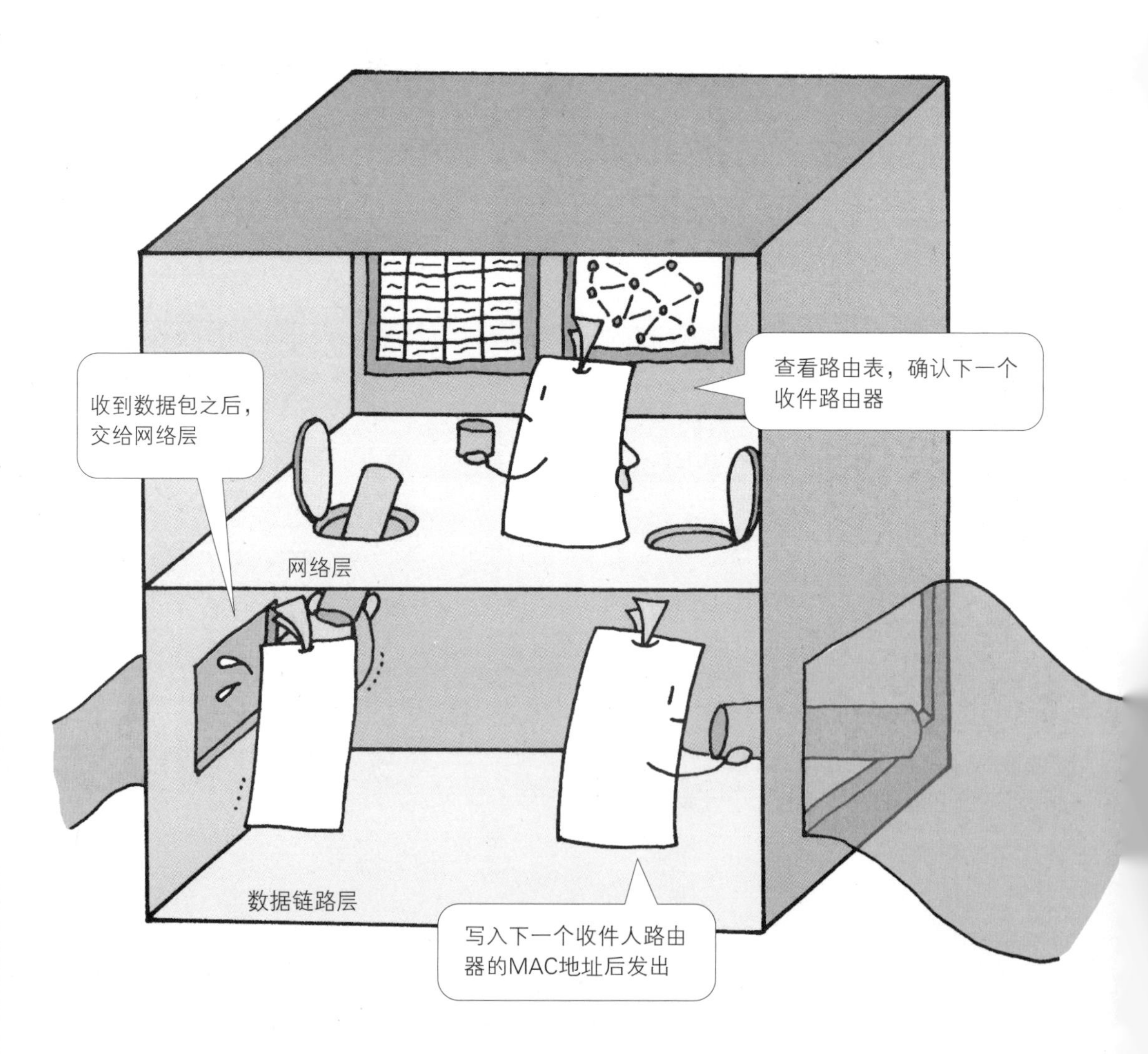
收到数据包之后，交给网络层
查看路由表，确认下一个收件路由器
网络层
数据链路层
写入下一个收件人路由器的MAC地址后发出

转发的流程

IP地址显示的是“最终目的地（收件人地址）”，MAC地址显示的是“经过地”。让我们来看下MAC地址是如何被改写的吧。

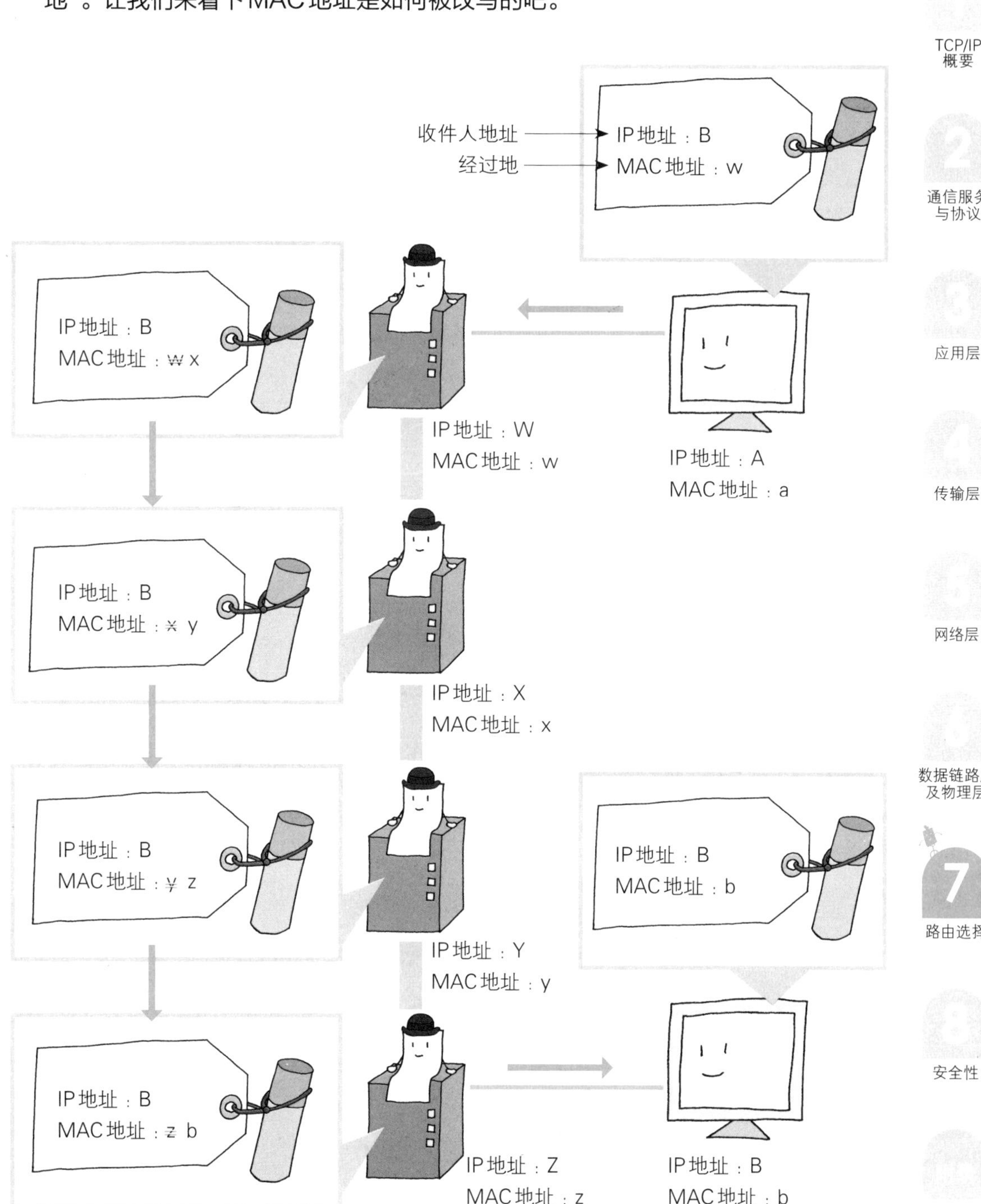

收件人地址
经过地
IP地址：B
MAC地址：w
IP地址：B
MAC地址：~~w~~ x
IP地址：W
MAC地址：w
IP地址：A
MAC地址：a
IP地址：B
MAC地址：~~x~~ y
IP地址：X
MAC地址：x
IP地址：B
MAC地址：~~y~~ z
IP地址：B
MAC地址：b
IP地址：Y
MAC地址：y
IP地址：B
MAC地址：~~z~~ b
IP地址：Z
MAC地址：z
IP地址：B
MAC地址：b

tracert 命令

显示到达某个计算机之前的路径的命令。Windows中输入tracert，UNIX中输入traceroute。

tracert 命令

tracert是显示到达某个计算机之前的路径的Windows专用的命令。因为要使用ICMP信息，所以路径途中如果有禁止ICMP交流的设备的话，就无法显示结果。

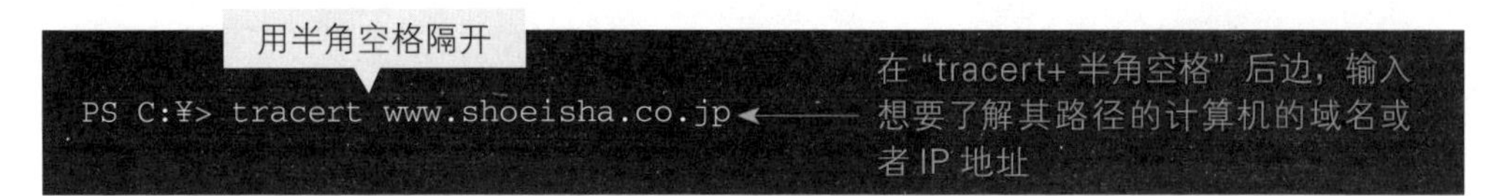

用半角空格隔开
PS C:¥> tracert www.shoeisha.co.jp
在"tracert+半角空格"后边，输入想要了解其路径的计算机的域名或者IP地址

≫ 结果

PS C:¥> tracert www.shoeisha.co.jp
www.shoeisha.co.jp [114.31.94.139] 跟踪到达此处的路径
经过的跳数最多为30个
1 <1 ms <1 ms <1 ms 192.168.0.1
2 6 ms <1 ms 4 ms rt1.isp.xx.jp [61.193.170.140]
3 1 ms 1 ms 1 ms www.shoeisha.co.jp [114.31.94.139]
①
②
路径信息
跟踪结束

注：以上为示例。在实际的www.shoeisha.co.jp中无法得到上述结果。

① 通信所花费的时间。为了得到平均的结果，连续调查3次（次数可以通过选项的设置来更改）。

调查发送IP数据包后，返回ICMP信息的时间

② 通信对端计算机。从上往下依次是各个途径地点，最后是最终目的地（收件人处）。

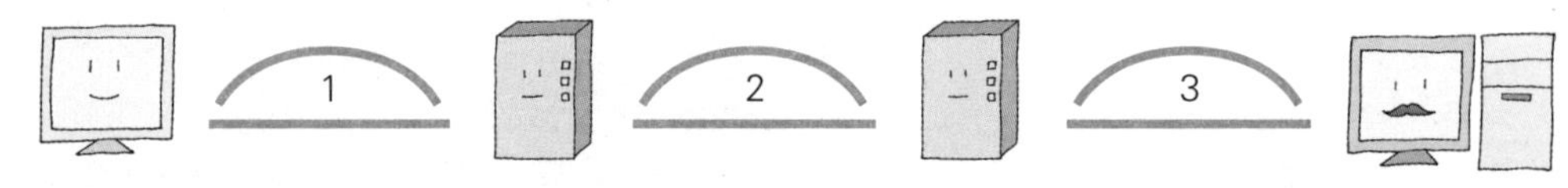

1
2
3

路径追踪的原理

trace不断增加可以通过的路径数量，通过观察从各个经过地点返回的ICMP信息，摸索到达收件地址的路径。我们以上页的结果为例追溯下整个过程。

① 经由地的数量会被写入IP包头的“生存时间”中。首先，将“生存时间”设置为1后发送出去。

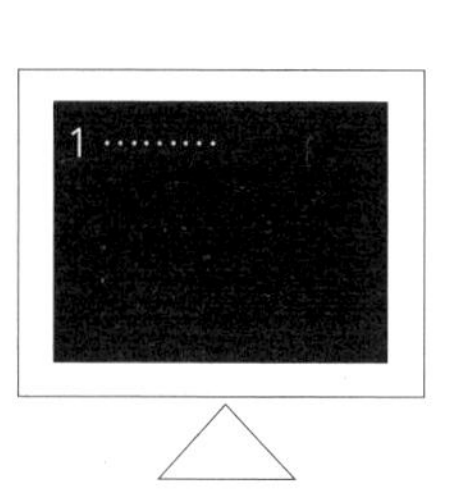

1 ………
发件人计算机

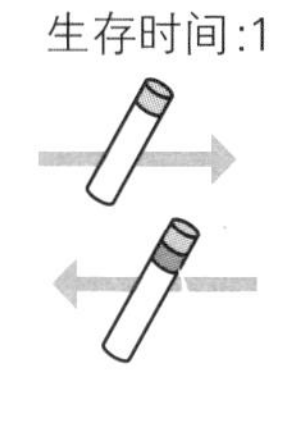

生存时间:1
只能发到这里
路由器 A
路由器 B
收件人计算机
<www.shoeisha.co.jp>
向发件人回复“没有到达收件人处”的ICMP信息

② 将“生存时间”设置为2后发送出去。“生存时间”每经过一个中途地点就减少1。

生存时间:2

生存时间:1 到此为止

1 ………
2 ………
向发件人回复“没有到达收件人处”的ICMP信息

③ 将“生存时间”设置为3后发送出去。这样一来数据包就能送达收件人处。

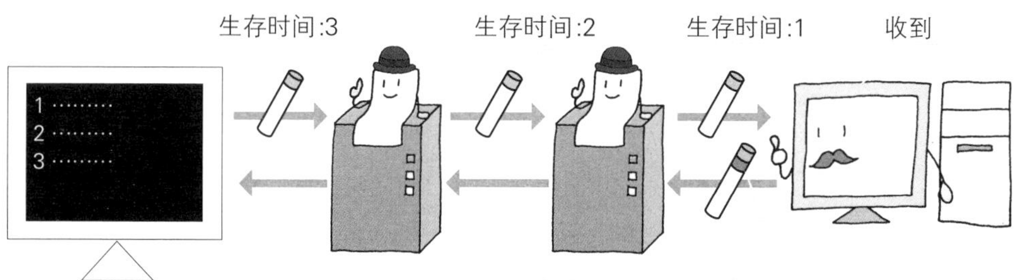

生存时间:3
生存时间:2
生存时间:1
收到
1 ………
2 ………
3 ………
向发件人回复“到达收件人处”的ICMP信息

专 栏

~寻径算法~

当我们检索“路由选择”一词时，经常能看到“寻径算法”这个词语。为了理解这个词语的意思，让我们来举个例子吧。

假如当你向山顶攀登时，必须要在“陡峭但路程较短的路”或者“平坦但路程较长的路”中选择其一。“陡峭但路程较短的路”可以保证短时间内到达山顶，而“平坦但路程较长的路”能在不给身体增添负担的情况下到达山顶。如果是你的话，你会选择哪个作为“最佳路径”呢？这时，你判断的“依据”，就要依靠寻径算法来得到。而根据这个原理，选出道路并沿着这条道路前进的方法就是路由协议。

但是，威胁网络安全的因素之一是“窃听”。窃听是为了盗窃通信中的数据包，而为了盗窃数据包而设置不法程序时的关键要素就是路由器。也就是说，经过的路由器数量越多，被窃听的可能性就越大。所以，为了保证安全，一般会选择“跳数”最少的路径。此外，如果经常需要发送较大数据时，将“发送速度”及“线路类型”作为选择路径时的基准也是可以的。选择用来判断“最佳”的过程就是寻径算法。

顺便提下，“算法”是指计算机实施判断时使用的计算方法。计算机不会依靠“感觉”或者“差不多就行”这样的基准来判断。为了让计算机能够精确地做出判断，就需要设置能够数值化的条件。

GOAL

8

安全性

图解
TCP/IP
这里是关键 key

外边的世界危险重重

计算机链接到网络之后，与其他计算机之间的数据交换变得非常便利，用途也变得更广。另一方面，设置链接外部世界的出入口之后，可能为计算机及用户带来危险的“不受欢迎的客人”也会增多。本章将介绍通信过程中存在的危险因素以及如何保护计算机。

通信过程中的危险主要有“窃听”“篡改”“非法链接”“DoS攻击/DDoS攻击”“计算机病毒的入侵”等。其中的DoS攻击（Denial of Service attack）以及DDoS攻击（Distributed Denial of Service attack）对于一般用户来说可能是比较陌生的词汇。它们是指通过向特定的服务器或者网络设备发送大量数据，导致网络设备处理能力降低或者停止工作的恶性犯罪行为。DoS攻击中的攻击者实施的是针对目标计算机的一对一的攻击方式，与此相对，DDoS攻击，正如其名字“Distributed=分布式”所示，攻击者会首先占领被称为“垫脚石”的大量的计算机，然后从这些计算机向各个目标同时发起DoS攻击。可以说DDoS攻击是DoS攻击的升级版。DDoS攻击，因为攻击源头分散存在，所以很难锁定攻击者，也就很难制定对策，最近受这种攻击手法侵害的案例不断增多。

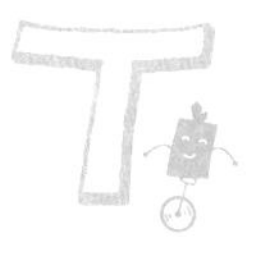

受害者可能成为加害者的恐惧

因通信引起的损害类型有很多，包括个人信息泄露，计算机本身遭到破坏等。但是最恐怖的莫过于在不知不觉中成为加害者。

例如，当密码或ID等被窃取后，第三人有可能利用这些信息，假扮成你去做坏事。当自己发觉的时候，已经落入了被巧妙设计的圈套中，成为了犯罪人。此外，一旦某台计算机允许了病毒的入侵，其自身很可能成为跳板，散播新的病毒。一般情况下，病毒最先感染的是“你的计算机中保存的邮件地址”，也就是你的朋友以及有工作关系的人的计算机。

为了防止上述情况出现，在最后一章中，我们将介绍几种维护计算机安全的技术。虽然这些内容与TCP/IP关系不大，但考虑到安全性对于通信来说是必不可少的，所以增加此类内容，请抱着拓展知识的心态继续往下读吧。

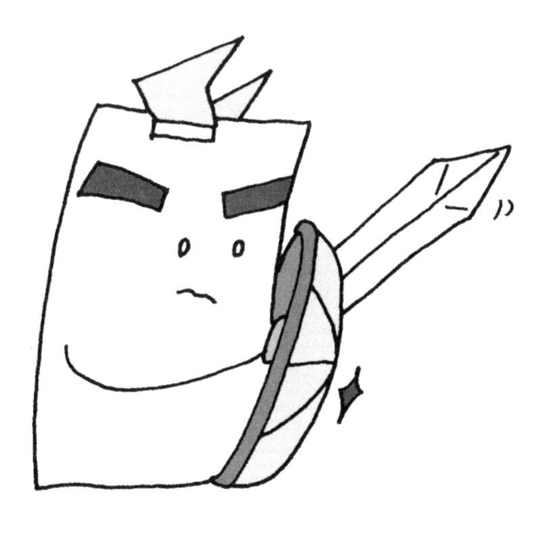

通信中潜在的危险

在享受“与其他计算机链接”的便利之处的同时，不要忘了还有各种危险伴随。

便利性与危险性是邻居

链接到网络上之后，能够与其他计算机进行通信，这是非常方便的事情。但是，在与外部链接的环境中，计算机有可能会受到心怀恶意的第三者的以下侵害。

数据包被盗

窃听

通信中的数据包被非法复制，个人信息被盗取

ID及密码，IP地址也有可能被盗……

篡改

指的是通信中的数据包被盗，信息被非法修改

电子邮件的内容也有可能被篡改……

信使
我喜欢你
信使
我
信使
我讨厌你

一不小心就会遭受惨痛教训

≫ 来自外部的攻击

非法链接

指的是在没有得到许可的情况下，入侵他人的计算机的行为。

可能利用你的计算机干坏事儿

DoS 攻击（Denial of Service attack）/DDoS 攻击（Distributed Denial of Service attack）
通过向服务器等发送超过其处理能力的数量的数据包，来使其功能失效的做法。

不考虑收件人端的实际情况，单方面发送信息，利用垃圾邮件发起攻击也是手法之一

≫ 其他还有……

计算机病毒入侵

以危害计算机为目的制作出来的程序叫作"计算机病毒"。

被入侵后，计算机很可能会损坏

为了保护计算机免受以上侵害，需要平时就注重安全防范。从下一页开始，我们来看一下有哪些对策可以实施吧。

保护数据包的技术

通信过程中数据包可能被盗取……。为了防止这种情况出现，需要在数据包本身上下些功夫。

数据包防盗对策

为了防止数据包被盗，设置有以下对策。

≫ 加密

信息保护中最基本的手段。基于某个规则对数据进行加工，使得第三人无法阅读的过程叫作加密，将加密信息恢复原状的过程叫作解密。

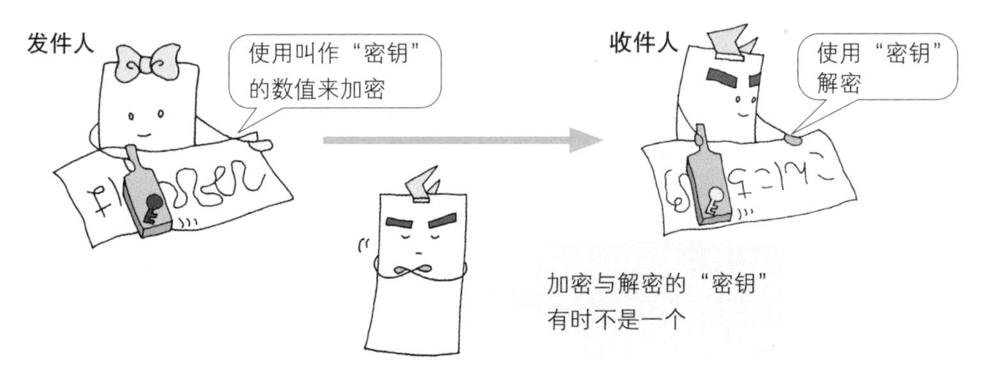

发件人
使用叫作“密钥”的数值来加密
收件人
使用“密钥”解密
加密与解密的“密钥”有时不是一个

≫ 电子签名

判断数据是否被篡改的手段。用特殊的方法将数据变为数值，将该数值加密后的东西叫作电子签名。

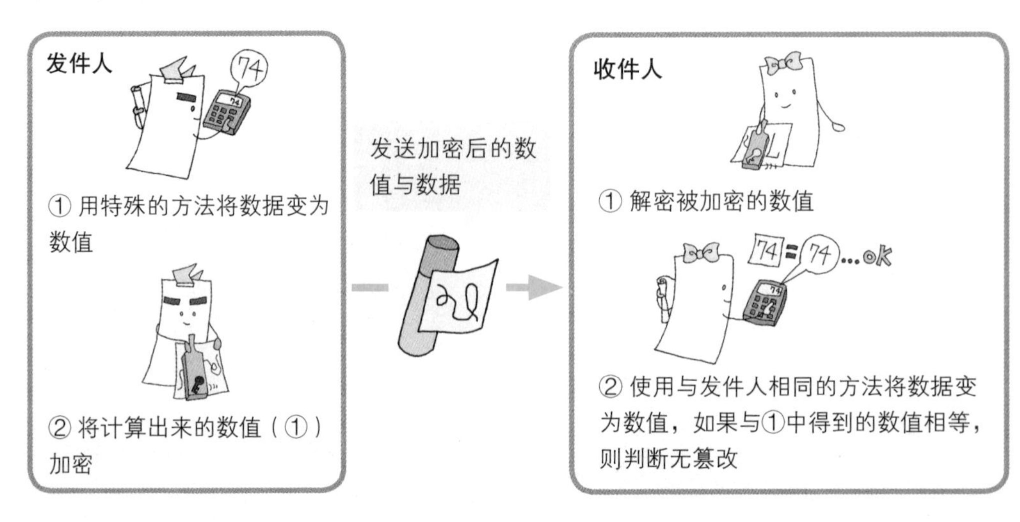

发件人
74
① 用特殊的方法将数据变为数值
② 将计算出来的数值（①）加密
发送加密后的数值与数据
收件人
① 解密被加密的数值
74=74…ok
② 使用与发件人相同的方法将数据变为数值，如果与①中得到的数值相等，则判断无篡改

≫ 证书颁发机构的担保

对通信对方的身份进行保证的机构叫作证书颁发机构（CA）。其位于通信人之间，以第三方的身份保证通信的安全。

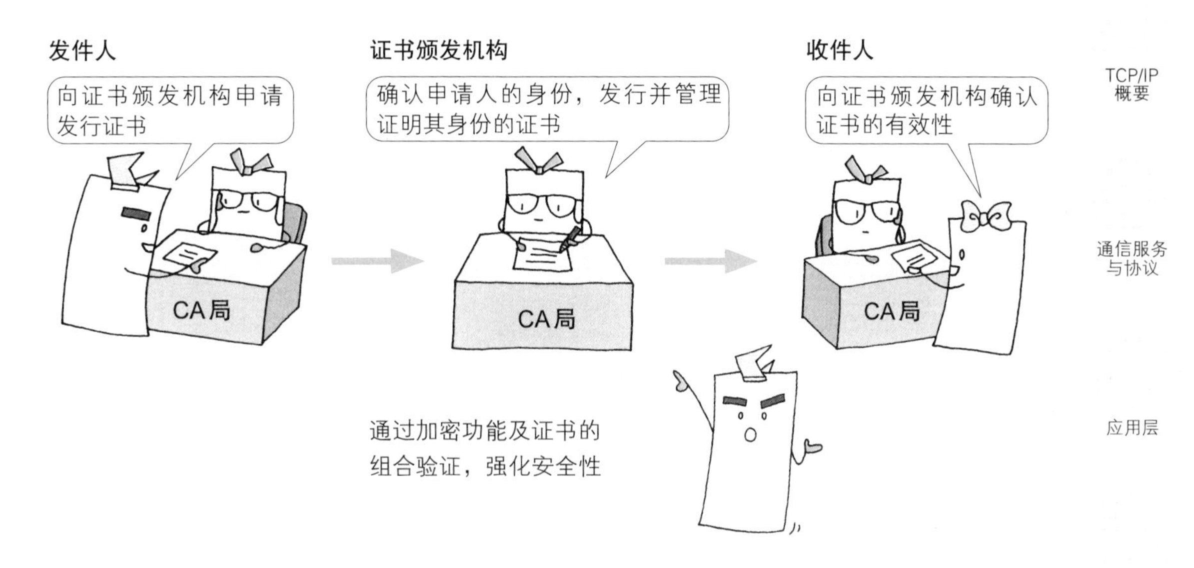

发件人
向证书颁发机构申请发行证书
证书颁发机构
确认申请人的身份，发行并管理证明其身份的证书
收件人
向证书颁发机构确认证书的有效性
CA局
CA局
CA局
通过加密功能及证书的组合验证，强化安全性

安全协议

如果使用支持加密与认证的安全协议，就能强化TCP/IP通信的安全性。

安全协议中既有插入各层之间使用的，也有包含在某层中使用的，还有与已有的协议组合使用的。

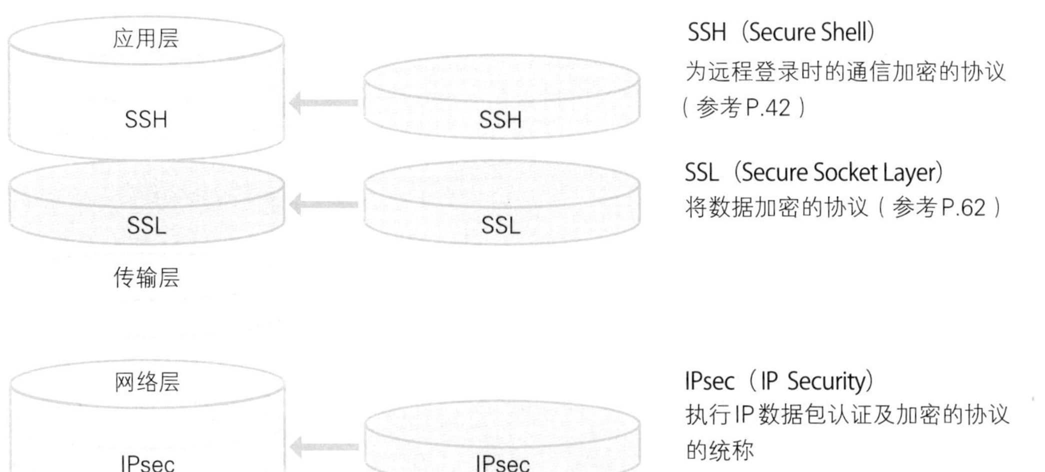

应用层
SSH
SSH
SSL
SSL
传输层
网络层
IPsec
IPsec

SSH（Secure Shell）
为远程登录时的通信加密的协议（参考P.42）

SSL（Secure Socket Layer）
将数据加密的协议（参考P.62）

IPsec（IP Security）
执行IP数据包认证及加密的协议的统称

防火墙

防火墙(firewall）是保护计算机不受外部攻击的屏障。

那个数据包，安全吗?

如果对于发来的数据包都无条件接收，那么计算机的安全就无法保障。
所以要用到携带管理数据包功能的软件及硬件。这些软件及硬件统称防火墙。

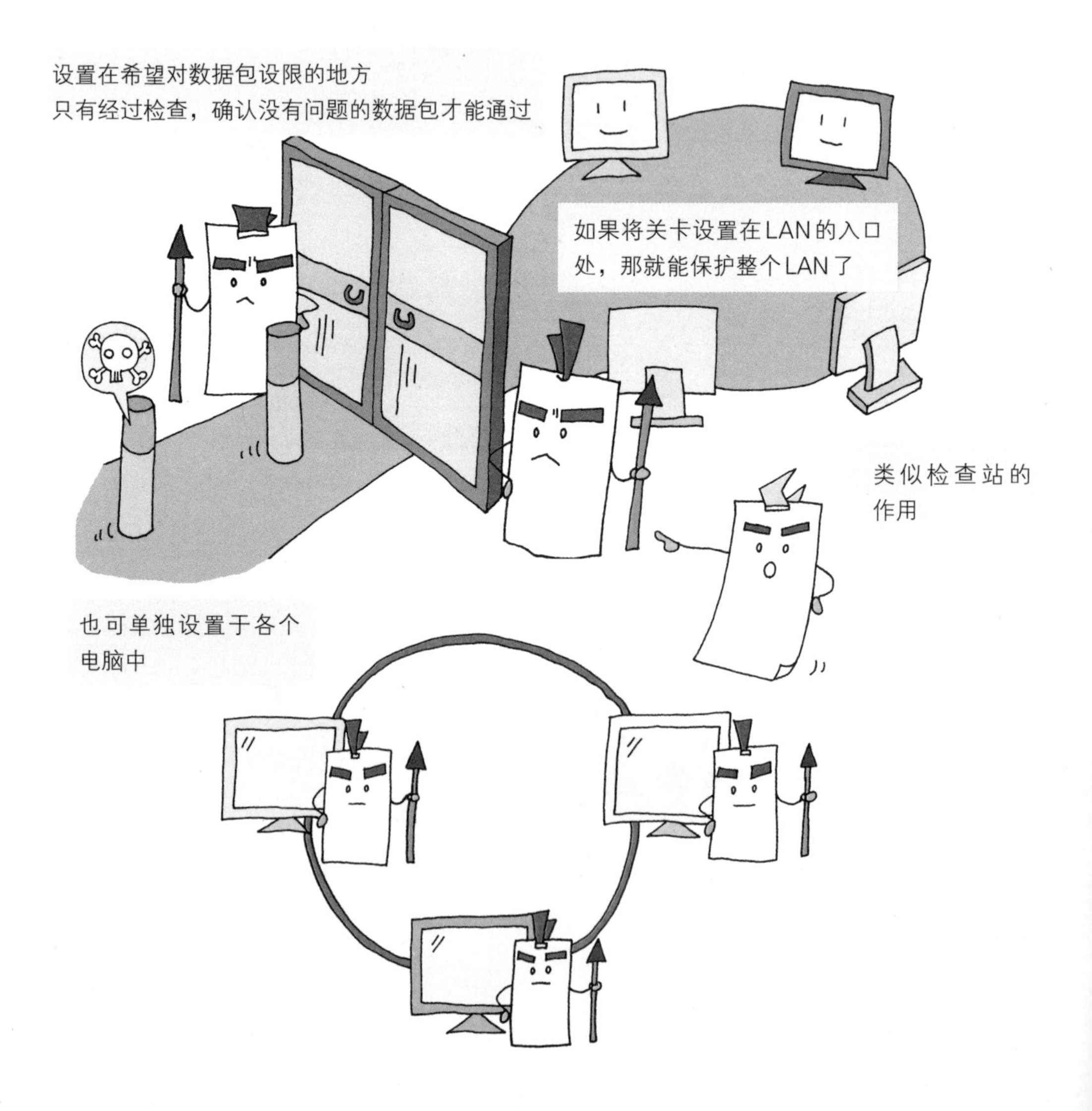
设置在希望对数据包设限的地方
只有经过检查，确认没有问题的数据包才能通过
如果将关卡设置在LAN的入口处，那就能保护整个LAN了
类似检查站的作用
也可单独设置于各个电脑中

防火墙的原理

以各层为对象，根据包头的内容，设置检查项目，只有通过了检查的数据才能传递到上一层。通过这种方法可以排除可疑数据。至于在哪个层中设置什么样的限制，由管理者决定。

只接受通过了所有检查项目的数据

合格

应用层

安全

例如……
- 为了避免病毒入侵，只接受规定格式的文件

传输层

安全

例如……
- 只受理发至规定端口的数据包
- 不受理没有建立通信的对方发来的数据包

网络层

安全

例如……
- 只受理来自被许可的IP地址发来的数据包

对安全比较重视的话，当然用户能做的事情就会受限

代理服务器

"proxy"是代理的意思。代替我们与外部进行交流的代理服务器，是作为一项安全对策引入的。

代理服务器

代替客户链接到英特网，按照要求接受通信服务后，将结果反馈给客户的服务器叫作代理服务器。

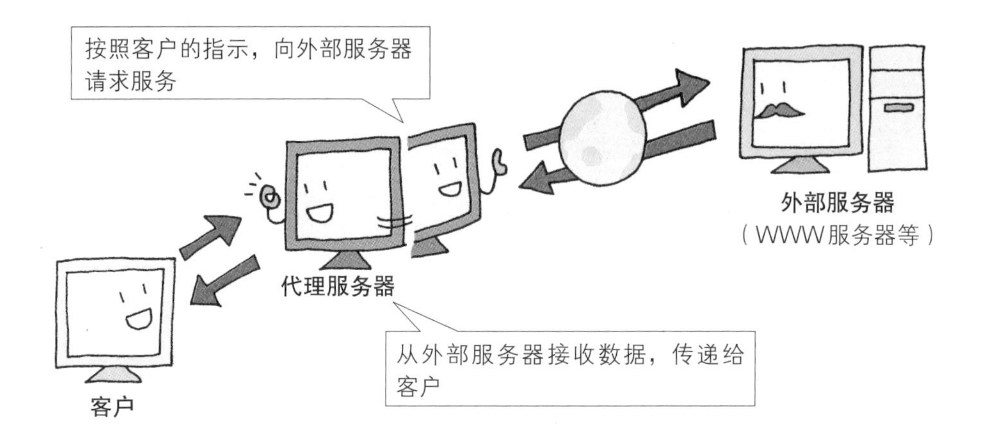

按照客户的指示，向外部服务器请求服务
外部服务器
（WWW服务器等）
代理服务器
从外部服务器接收数据，传递给客户
客户

虽然存在分别对应HTTP、SMTP、POP等的代理服务器，但是说到代理服务器，一般指的是代行WWW服务的HTTP代理服务器。

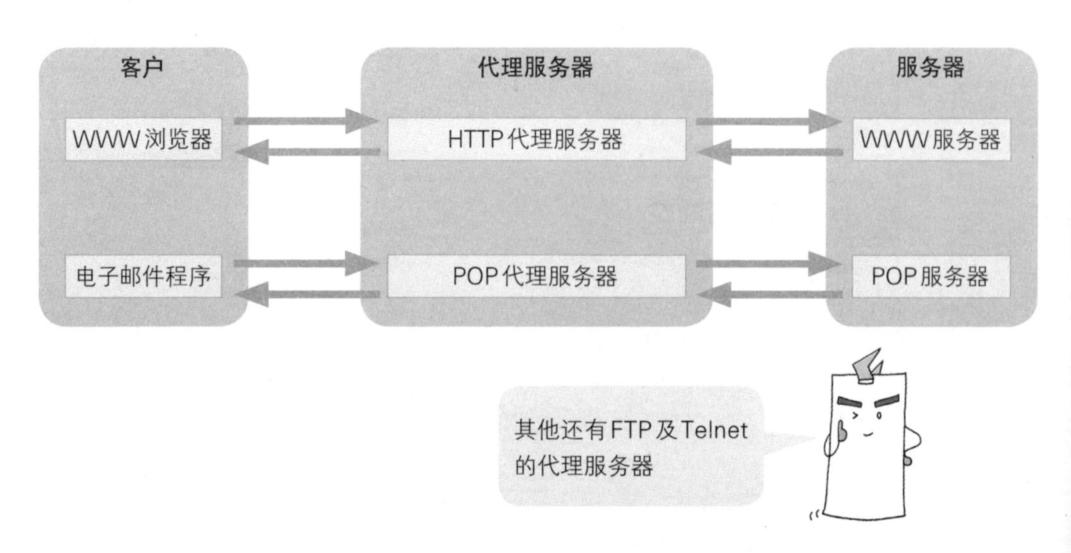

客户
代理服务器
服务器
WWW浏览器
HTTP代理服务器
WWW服务器
电子邮件程序
POP代理服务器
POP服务器
其他还有FTP及Telnet的代理服务器

代理服务器的优点

使用代理服务器主要有以下优点。

≫ 安全性

只要设置好用户认证功能及服务使用限制功能，就能从整体上守护客户的安全。

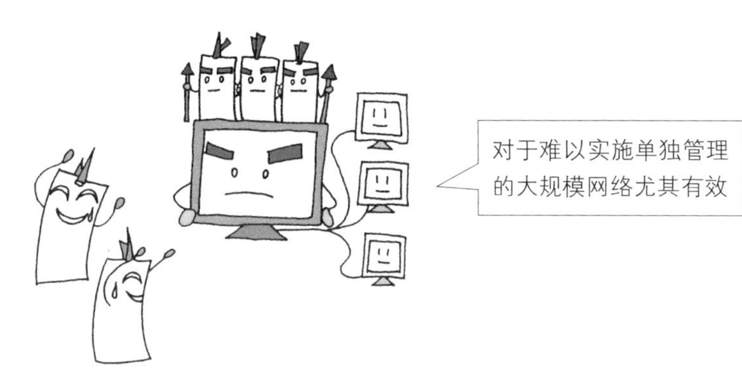

对于难以实施单独管理的大规模网络尤其有效

≫ 匿名性

因为与外部服务器相连的只是代理服务器，所以客户自己的信息不会被泄露。

不会被对方探知IP地址及计算机名称等

≫ 便利性

代理服务器可以临时保管（缓存）所有用户阅览过的Web网站的信息。当被要求提供代理服务器内保存的Web网站时，代理服务器无需与外部服务器交流，即刻可将结果反馈给客户。

Web网页可以更快地显示出来
能快速显示出自己以外的人阅读过的网页
如果自身没有保存相关信息，则从WWW服务器中获取

专栏

～世界上最古老的计算机病毒～

世界上最古老的计算机病毒诞生于1986年的巴基斯坦。在巴基斯坦经营计算机商店的两兄弟发现自己开发的软件被非法复制，为了解决这个问题，他们开发了一款一旦软件被复制就会出现提醒客户的自动警告文件的程序，这就是世界上最古老的计算机病毒“Brain”。由于此病毒只感染IBM公司制造的计算机，而且当时保存数据的手段主要是软盘，所以该病毒并没有像现在的病毒这样大规模地爆发。

话说回来，当时的“Brain”只是一个单纯地显示文字的所谓“良性（？）”的病毒。但是，之后在美国被发现时，该程序已经被修改，变成了可以破坏硬件的“恶性”病毒。以“惩罚坏人”为目的制作出来的东西，反而成了做坏事的手段，这是多么讽刺的事情呀。

现在，计算机病毒不断变换手段，变换外表来扰乱世界。在计算机在普通家庭得以普及、网络链接变得非常普遍的现在，病毒扩散的速度是惊人的。再加上计算机本身的操作变得更简单，就算没有多少专业知识的人也可以轻松地与外部通信，这也增加了病毒感染的概率。为了防止病毒蔓延，每个用户都应该拥有一定的安全意识。

例如，有一种病毒是在用户打开附件时，向储存在该计算机中的所有邮件地址发送自己的复制品的病毒。如果不小心打开了这样的附件，就会瞬间向自己周围的人输送病毒，结果就是自己从受害者变成了加害者。设想一下，如果自己家里收到了不认识的人发来的包裹，一般是不会轻易打开的吧？虽然计算机只需要轻轻一点就能完成操作，容易让人放松警惕，但是只要稍微留心一下，很多麻烦就能避免。一定要牢记哦。

附录

OSI参考模型

本节将介绍与TCP/IP有很深关联的OSI参考模型。

OSI

了解过通信协议的人可能听说过“OSI参考模型（或者OSI层模型）”。OSI参考模型（Open Systems Interconnection Reference Model）是用来显示叫作OSI的通信协议的基本结构的模型。

OSI是在20世纪70年代后半段，ISO（International Organization for Standardization，国际标准化机构）推动标准化运动的结果。之后曾与TCP/IP并驾齐驱，一时间形成竞争态势。但是，最终结构更简单及开发的速度更快的TCP/IP占据了上风。

OSI本身虽然没有得到普及，但是OSI所秉持的“对通信相关的构架进行分类，以层的形式独立发挥功能，某一层的变化不会影响其他层”的基本概念，以OSI参考模型的形式被广泛认知。

OSI参考模型如下页图所示，由7层构成。除了相当于TCP/IP中应用层的部分被划分为OSI参考模型中的第3层以外，其他部分与TCP/IP的各层基本一致。此外，还可以从图中看出，本书中TCP/IP各层的名称都与OSI参考模型保持了一致。关于存在其他名称的项目本书做了并列记载，请参考使用。

因为OSI参考模型经常出现在通信协议相关话题中，所以建议读者一并记忆。

OSI
TCP/IP

OSI参考模型

TCP/IP模型

OSI参考模型	TCP/IP模型
应用层（第7层） 处理通信服务特有架构的层。有文件转发、电子邮件以及远程登录（虚拟终端）等协议	**应用层** 负责OSI参考模型的第5、6、7层中包含的功能。但是，OSI参考模型中的第5层的部分功能，在TCP/IP中包含在“传输层”中
表示层（第6层） 改变数据的格式，在用户与计算机之间发挥桥梁作用。将想要发送的数据转变为适合通信的形态，将收到的数据转变为用户可以看懂的状态	
会话层（第5层） 负责建立或切断链接、设置所转发数据的分隔线等，是管理数据转发的层	
传输层（第4层） 负责将数据安全送至收件人应用程序处的层。没有路由器等中继节点概念，提供发件人与收件人一对一的通信功能	**传输层** 负责OSI参考模型的第4层中包含的功能以及第5层中的一部分功能
网络层（第3层） 负责向收件人计算机送达数据的层。提供通过多个中继节点进行通信的功能	**网络层** 与OSI参考模型一样。也叫作英特网层
数据链路层（第2层） 与直接链接的设备进行通信的层。将二进制数列分割为多个帧传递给网络层，或者将帧转换为二进制数列后传递给物理层	**数据链路层** 与OSI参考模型一样。也叫作网络接口层
物理层（第1层） 对通信媒体做出规定的层。也执行将二进制数列转换为高低不同的电压以及闪烁的光，或者将电压的高低及光的闪烁转换为二进制数列的工作	**物理层** 与OSI参考模型一样

附录

关于IPv6

让我们再稍微详细地看下第5章中出现的IPv6吧。

IPv6

为了解决IP地址不够这一“IP地址枯竭问题”，现在，正在推动从之前一直使用的IPv4（Internet Protocol version 4）向新开发的IPv6（Internet Protocol version 6）的转移。虽然两者存在的目的都是显示IP地址，但IPv4与IPv6没有兼容性，并且在名称及架构等诸多方面也存在不同。虽然已经在第5章中介绍过IPv6与IPv4的不同以及特点等，让我们再补充些基础知识吧。

≫ IPv6地址的种类

IPv6地址大致可以分为以下三类。

● 单播地址

赋予单个接口的地址。所以，当计算机中存在多个接口时，就存在多个地址。在一对一的通信中，使用此地址进行交流。根据可通信的范围的不同，单播地址可以分为以下三类。

全局单播地址

……全球网络。相当于IPv4的全局地址（P.104）。

唯一本地单播地址

……组织内部网络。相当于IPv4的私有地址（P.118）。

本地链路地址

……到邻近节点为止。无法跨越路由器。

● 组播地址

针对特定的组，同时发送信息的地址。可以为多个接口分配地址。虽然IPv6中不存在广播地址（P.115），但可以使用组播地址的一部分，来实现同样的功能。

• 任播地址

与组播地址相同，可以为多个接口进行分配的地址。如为任播地址，数据包会发送至持有该地址的组内离网络最近的接口处，而不对其他接口发送信息。

≫ IP地址的设置

作为自动分配IP地址的方法，除了使用DHCP（P.114）的 IPv6版本的DHCPv6（Dynamic Host Configuration Protocol for IP Version 6）的方法之外，也引入了无状态地址自动配置的方法。无状态地址自动设置在无DHCPv6服务器的情况下，依然可以通过路由器自动生成地址。与此相反，使用DHCPv6服务器的方法，被称为有状态地址自动配置。

≫ 不需要NAT/NAPT

在IPv4中，作为解决IP地址不足的临时对策，导入了私有地址及NAT/NAPT标准（P.119），但在拥有大量IP地址的IPv6中，不再需要NAT/NAPT了。

除此之外，也追加了通信内容（IP数据包）的加密以及组播地址功能等，正如P.106中提到的，IPv6更加安全、更加方便。

关于IPv6的更详细的知识，请参考专业书籍及Web网站等。

虽然向IPv6的转移正在逐步进行，但全世界的网络全部置换为IPv6还需要较长时间

附录

网络设备

本节将介绍构建网络时使用的线缆及设备。

各种网络设备

在第6章中，我们简单地介绍了构成网络的线缆及设备等，本节我们将作出更加详细的说明。

≫ 线缆

名　称	说　明
同轴电缆 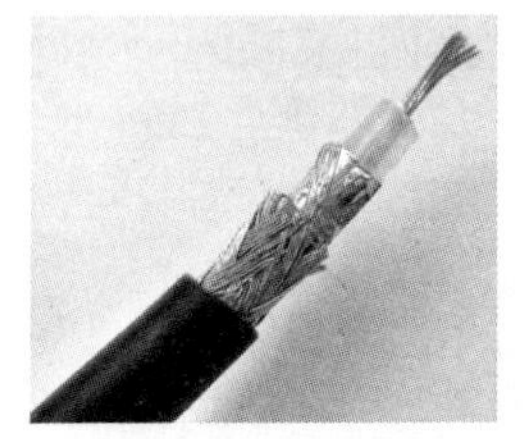 by FDominec	用塑料等材质将铜线绝缘，其周边用网状的铜或者锡箔覆盖，外端用塑料包裹。通过对网状部分通电，来屏蔽来自外面的电波。此外，同轴电缆根据粗细不同分为两种，直径为10mm的叫作粗同轴电缆，直径为5mm的叫作细同轴电缆
双绞线 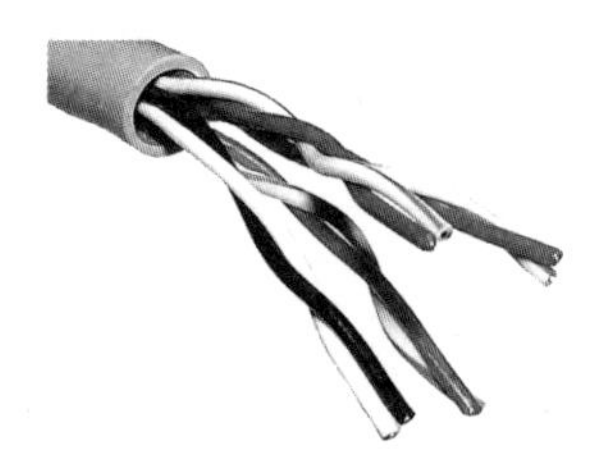	将两根铜线捻成一根，将多个这样的线束聚合在一起，组成一根线缆。为了屏蔽外部的电波，将每一根捻线都用金属包裹的线缆叫作STP（Shielded Twisted-Pair），将没有被包裹的叫作UTP(Unshielded Twisted-Pair)。根据质量不同，可以被分为1 ~ 7/7A的等级，LAN中使用的是等级3以上的线缆
光纤线缆 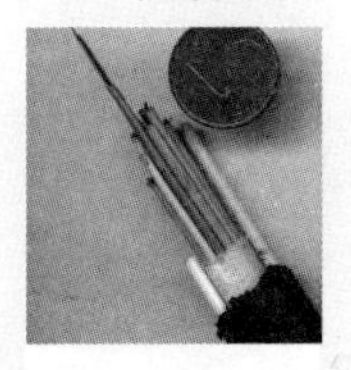 by Christophe Merlet	直径为0.1mm左右的纤维状玻璃，外端以尼龙等材料包裹，将几十根或者上百根这样的纤维束在一起，做成一根线缆。光的传播方式有两种，直线传播的方式叫作SMF（Single Mode Fiber），反射之后传播的方式叫作MMF（Multi Mode Fiber）。前者适合长距离传播，后者适合短距离传播

网络适配器

名 称	说 明
PCI插槽式网卡 	用于台式个人电脑。插入个人电脑内部的基板（母板）上的设备接口（PCI Express 插槽）后使用
USB网卡 	插入台式个人电脑或笔记本个人电脑的USB端口中使用。虽然其设置不费太大功夫，但是需要注意版本不同，发送速度有异 【最大发送速度】 USB1.1:12Mbps USB2.0:480Mbps USB3.0:5Gbps
Wi-Fi网卡 	用于没有内置无线网络（Wi-Fi）功能的个人电脑。常见的是用USB连接的类型

本书介绍过的各种设备实际上是长这个样子的（形状及功能根据产品不同而不同）。

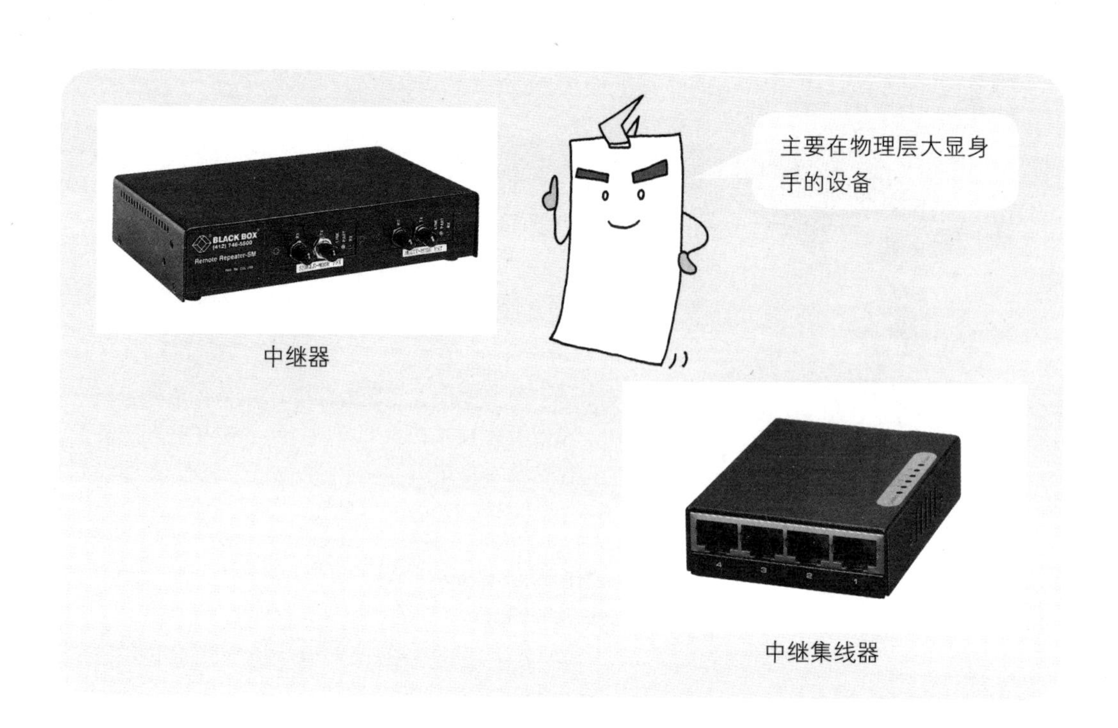
主要在物理层大显身手的设备
BLACK BOX
(412) 746-5500
Remote Repeater-SM

中继器

中继集线器

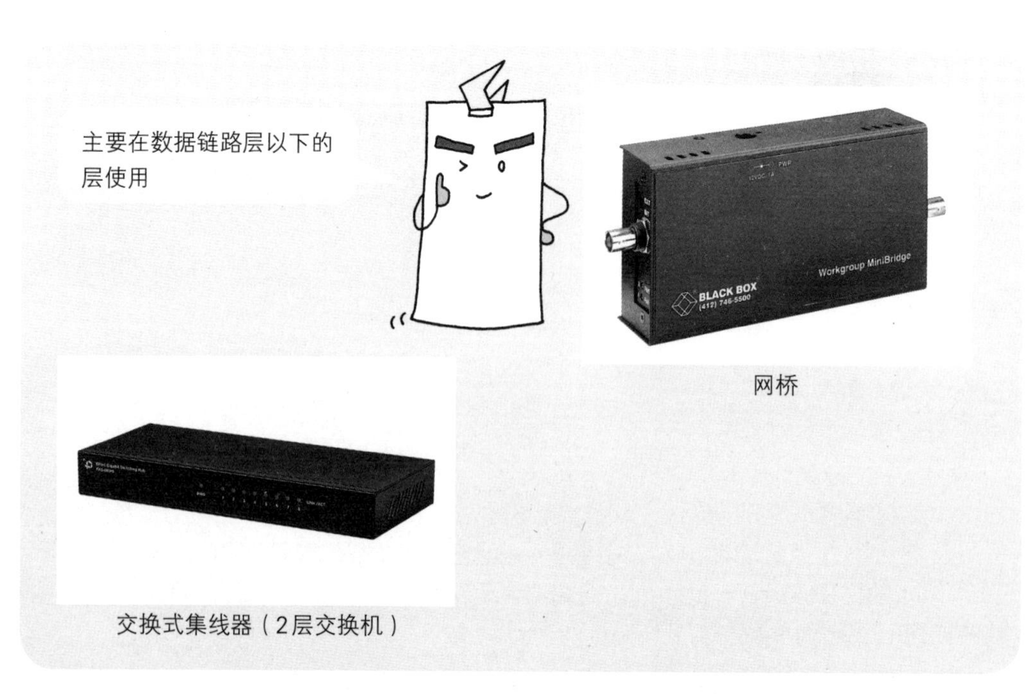
主要在数据链路层以下的层使用
BLACK BOX
(412) 746-5500
Workgroup MiniBridge

网桥

交换式集线器（2层交换机）

在网络层以下的层使用
的设备

路由器

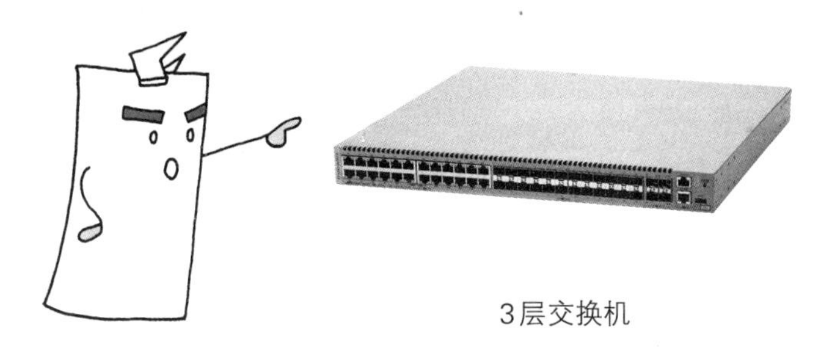
高速执行路由选择的
设备

3层交换机

个人电脑、智能手机等通
过无线连接英特网的设备

无线路由器（主机）

TCP/IP概要
通信服务与协议
应用层
传输层
网络层
数据链路层及物理层
路由选择

▲网关

负责将不同规格的网络链接在一起的设备或软件叫作网关，其在所有的层上都具备弥合不同点的功能。例如需要将手机链接到英特网上时，就要利用网关将完全不同的设备链接在一起。网关（Gateway）有出入口的含义，路由器及代理服务器有时也被叫作网关。

安全性

附录

使用网络时的注意事项

想要在避开危险的同时，方便地使用网络，应该要注意些什么呢。

计算机及网络环境中的注意事项

持续地联网，就如同房屋的大门一直敞开着。用户要有防范外部非法入侵的安全意识，并实施相应的安全对策。

welcome
不要忘了外部危险因素
24h都可能入侵

对 策

- 关闭不用的端口
- 安装杀毒软件
- 在操作系统及应用程序中追加安全补丁

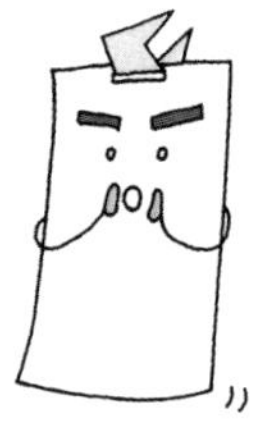

安全补丁是软件制作人通过Web等方式发布的

≫ 无线局域网中的特殊注意事项

如果网络环境是无线局域网（Wi-Fi等），只要在电波传播的范围之内，第三方就能够接收到该电波。所以，要特别留心数据的被盗与篡改。

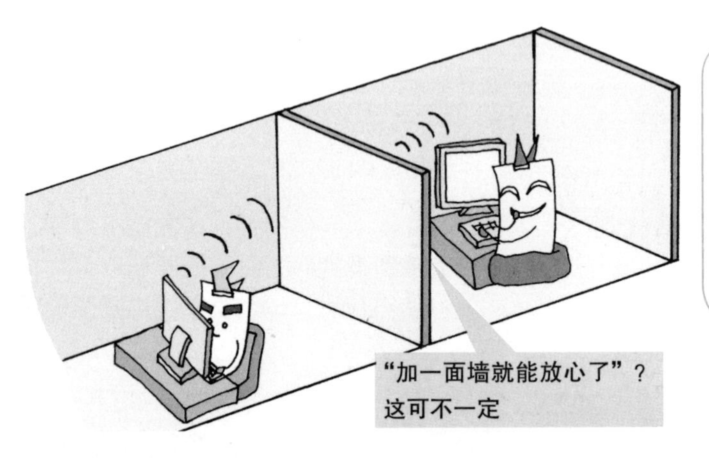

“加一面墙就能放心了”？
这可不一定

对 策

- 对通信内容加密（AES、TKIP等）
- 对可以通信的设备做出限制（SSID、MAC地址过滤）

利用 Web 时的注意事项

Web网站虽然用起来很方便，但如不慎访问以盗取信息为目的的钓鱼网站或携带计算机病毒的Web网站，则会遭受很大损失。要时刻保持警惕。

http://www.nisemono.com/
ANK direct
会员ID
密　码
登　陆

对 策

- 不要访问可疑的Web网站
- 不要打开可疑的广告或链接
- 不要将ID及密码用于多个地方，要养成定期更改密码的习惯
- 不要随便下载文件或程序

不仅有感染病毒的可能，也有图像、视频的知识产权/肖像权被侵犯的可能性

其他注意事项

不要随便提供个人信息

类似于问卷调查、抽奖、会员登录等，需要输入个人地址/姓名、电话号码、邮件地址等情况的有很多，而输入的这些信息很有可能通过某种形式泄露到外部。所以，在提供这些信息之前，先要认真确认该Web网站是否是可以信任的网站。

网络上一样要讲文明

网络中的交流，因为看不到对方的脸，有些用户就容易采取一些不文明的语言及行动。这样容易导致一些小事儿演变成大麻烦。为了避免自己卷入不必要的麻烦之中，我们要意识到计算机对面“用户”的存在，遵守网络礼仪。

附录

索引

A

ACK……84
爱立信……124
安全补丁……188
安全协议……173

B

版本……111
半双工通信……138
报文段长度……85
本地DNS服务器……120
本地链路地址……182
编码……70
标识符……111
表示层……181
拨号……26

C

Cookie……59
操作代码……135
层……16
3层交换机……187
层次化……16
冲突……138
传输层……18, 78, 181
窗口大小……85, 91
篡改……170

D

代理服务器……176
单播地址……182
电话线路……3
电路交换……46
电子签名……172
电子邮件……7, 36, 64
动态路由选择……159
端口……76, 80
端口号……32, 81, 91, 93, 95
段……82
对称秘钥……63

E

二进制基础……55
二进制数列……17, 22

F

方法……57
防火墙……174
非法链接……168
分片偏移……111
服务类型……111
服务器……30
服务器名称……33
负载长度……111

G

高能加速器研究所……48
个人信息……189
根服务器……121
公钥……63
公用网……3
光纤……26
光纤线缆……131, 139, 184
广播传输……92
广播传输MAC地址……134
广播传输地址……115
国家代码……33

H

环型……136
会话层……181

J

吉位以太网……152
即时通信……47
集线器……148
计算机病毒……171, 178
计算机网络……2
加密……172
交换集线器……139, 149
胶囊化……20
解码……70
解密……172
紧急指针……91
尽力服务模式……102
静态路由选择……158
局域网……3

K

客户……30
空行……57
控制标记……85
控制字符……71
快速以太网……152

L

Layer……16
邻居缓存……150
令牌……141

令牌传递方式……140
令牌环网……140
浏览器……34, 48
流标签……111
流量等级……111
路径……32, 103
路由表……157
路由器……108, 187
路由协议……160, 166
路由选择……156

M

面向连接通信……82
名称解决方案……120
命令……41, 65
模拟电话线路……26

N

诺基亚……124

P

配置文件……124
屏幕共享……43

Q

旗标……111
前导同步码……139
窃听……166, 170
请求……57
请求头……57
全局单播地址……182
全双工通信……139
确认应答序号……91
任播地址……183

S

杀毒软件……188
上传……30
生存时间……111, 165
时间服务器……74
书签……34
数据包……22, 24
数据包交换……24
数据包长度……93, 111
数据链路……126, 128
数据链路层……18, 128, 181
数据量……85
数据偏移……91
双绞线……139, 184
私钥……63
私有地址……118

T

填充……91, 111
跳数……109
跳数限制……111

通信服务…………7
通信媒体…………131
通信协议…………13
通用端口…………81
包头…………20, 55
包头校验和…………111

W

外部地址…………95
网关…………187
网络…………1
网络部分…………104, 105
网络层…………18, 98, 100, 181
网络接口卡…………132
网络节点…………130
网络设备…………184
网络适配器…………185
网络新闻…………81
网络掩码…………105
网桥…………147
网状型…………137
微软…………96
唯一本地单播地址…………182
包尾…………20
文本基础…………55
文件共享…………7, 44
文件名…………32
文件转发…………7, 38
文明…………189
握手…………84
无链接通信…………92, 112
无线…………26, 131
无线LAN…………3, 26, 143
无源集线器…………148
无状态地址自动配置…………183
无状态协议…………58
物理层…………18, 130, 181

X

下一包头…………111
下一跳…………157
下载…………30
响应…………57
响应行…………57
响应体…………57
响应包头…………57
校验和…………89, 91, 93, 113
协议…………4, 13, 111
协议类型…………135
协议名称…………32
信封…………64
星型…………137
序列号…………86, 91
选项…………95
寻径算法…………166

Y

以太网…………138, 152
以太网帧…………139

英特尔…………124
英特网…………3
应答…………65
应用层…………18, 52, 181
应用包头…………54
应用协议…………53
硬件地址长度…………135
硬件类型…………135
邮件地址…………36
邮件服务器…………36
邮件包头…………64
邮件账号…………36
邮箱…………36
有线电视…………26
域名…………33
域名服务器…………120
远程登录…………7, 40

Z

再次发送…………88
帧…………128
帧开始分界符…………139
证书…………63
证书颁发机构…………63, 173
中继器…………131, 146, 186
中继集线器…………138, 148, 186
远程桌面…………43
主机部分…………104, 105
子网…………116
子网掩码…………105, 107, 117
字符编码…………70
总线型…………136
组播传输…………92
组播地址…………182
组织唯一标识符…………132